# Stahlbetonbau nach EC 2

## Einführung in die neue Normengeneration
## Anwendung auf ein Gebäude

Von Prof. Dr.-Ing. Uwe Albrecht
Fachhochschule Nordostniedersachsen
Buxtehude

Mit 58 Bildern und 34 Tabellen

 B. G. Teubner Stuttgart 1997

Die Deutsche Bibliothek – CIP-Einheitsaufnahme

**Albrecht, Uwe:**
Stahlbetonbau nach EC 2 : Einführung in die neue Normengeneration;
Anwendung auf ein Gebäude ; mit 34 Tabellen / von Uwe
Albrecht. – Stuttgart : Teubner, 1997
  ISBN 978-3-519-05079-7    ISBN 978-3-322-94736-9 (eBook)
  DOI 10.1007/978-3-322-94736-9



Umschlaggestaltung: Peter Pfitz, Stuttgart

# Vorwort

Der kritische Leser wird sich fragen, warum derzeit ein neues Buch zum Eurocode 2 erscheint. Immerhin existiert der EC 2 seit 1992 als europäische Vornorm und war seitdem Thema vieler Seminare und in der Literatur. Da sich die Überarbeitung und die Einführung als europäische Norm verzögert hat, erschien in diesem Jahr der Entwurf DIN 1045-1, dem weitgehend der EC 2 zugrunde liegt.

Somit besteht eine gewisse Verunsicherung hinsichtlich der zukünftigen Entwicklung. Klar ist, daß auch im Betonbau der Übergang zu einem Regelwerk der neuen Normengeneration bevorsteht, wie er im Stahlbau bereits erfolgt ist. In diesem Schwebezustand wollen die planenden Ingenieure wissen, wohin sich die Normung entwickelt, und die Studierenden brauchen einen Leitfaden, der sie schon heute an die Praxis von morgen heranführt.

Dabei bietet eine europäische Norm die Chance, die vielfältigen Möglichkeiten der Bemessungs- und Konstruktionspraxis sinnvoll zu bündeln. Vieles, was sich in den Nachbarländern bewährt hat, kann eine Alternative zur bisherigen Regelung sein oder könnte gar den Impuls zu neuen Lösungen geben. Der sichere Umgang mit dem EC 2, zweckmäßigerweise in Verbindung mit EC 1 - Einwirkungen -, kann dem planenden Ingenieur bereits heute Vorteile bieten.

Das Buch vermittelt den Einstieg in die neue Normengeneration auf der Basis des EC 2. Es behandelt die wesentlichen Nachweise und Konstruktionsregeln im Stahlbetonbau; auf relevante Änderungen zur bisherigen Praxis oder zum Entwurf DIN 1045 wird hingewiesen. Die Anwendung erfolgt am Beispiel eines mehrgeschossigen Bürogebäudes. Damit ist die Verknüpfung der einzelnen Schritte - Ermittlung der Lasten und Schnittgrößen, Bemessung, Nachweise der Gebrauchstauglichkeit sowie die konstruktive Durchbildung - transparent.

Der baupraktische Bezug ermöglicht den planenden Ingenieuren den Vergleich mit den bisherigen Regeln, und die Studierenden erkennen Zusammenhänge.

Das Buch wendet sich gleichermaßen an Studierende und Praktiker mit der Zielsetzung, das Wesentliche zur Bearbeitung typischer Standardfälle des Stahlbetonbaus mit dem EC 2 herauszustellen. Für Sonderfälle wird zweckmäßige Literatur genannt. Obgleich der EC 2 sowohl für Stahlbeton- als auch Spannbetontragwerke gilt, bezieht sich das Buch ausschließlich auf Stahlbetonkonstruktionen.

Der Verfasser empfiehlt, den EC 2 nicht am derzeit wenig benutzerfreundlichen Aufbau zu messen. Mit dem Entwurf DIN 1045 liegt einerseits eine redaktionell verbesserte Fassung vor, andererseits wird damit die Aktualität der neuen Normengeneration unterstrichen. Details können sich noch ändern, doch das Wesentliche der zukünftigen Norm für den Betonbau vermittelt heute schon der EC 2. Der Übergang zum letztlich in Zukunft eingeführten Regelwerk ist dann problemlos.

In dieser Situation ist ein knapp gefaßtes Buch angemessen, was für den Autor durchaus eine Herausforderung darstellt, wenn zugleich das Layout stimmen soll. Nützliche Anregungen dazu erhielt ich von meinem Kollegen Prof. Dr.-Ing. Jens Göttsche. Mein Dank gilt Frau Ute Offermann-Giese für die textliche Bearbeitung und Frau Astrid Wengorz für die graphische Gestaltung sowie dem Verlag für die gute Zusammenarbeit.

Buxtehude, Juni 1997     Uwe Albrecht

# Inhalt


**Vorwort** 3

**1 Einführung** 9
1.1 Die neue Normengeneration 9
1.2 Aufbau und Anwendung des EC 2 10
1.3 Bezeichnungen 12
1.4 Aufbau und Zielsetzung des Buches 14
1.5 Baupraktisches Beispiel 15

**2 Sicherheitskonzept** 19
2.1 Allgemeines 19
2.2 Einwirkungen 20
2.3 Tragwiderstand 22
2.4 Grenzzustände der Tragfähigkeit 22
2.4.1 Nachweisbedingungen 22
2.4.2 Teilsicherheitsbeiwerte 23
2.4.3 Kombination von Einwirkungen 24
2.5 Grenzzustände der Gebrauchstauglichkeit 27

**3 Baustoffe, Dauerhaftigkeit, Betondeckung** 28
3.1 Beton 28
3.1.1 Festigkeit 28
3.1.2 Verformungseigenschaften 29
3.2 Betonstahl 30
3.3 Anforderungen an die Dauerhaftigkeit 32
3.3.1 Allgemeines 32
3.3.2 Umweltbedingungen 33
3.3.3 Betondeckung 35

**4 Schnittgrößen** 37
4.1 Kombination von Einwirkungen 37
4.2 Idealisierungen und Vereinfachungen 38
4.2.1 Allgemeines 38
4.2.2 Stützweite, mitwirkende Plattenbreite 39
4.2.3 Stützmoment, Auflagerkraft 40
4.3 Schnittgrößenermittlung 42
4.3.1 Allgemeines 42
4.3.2 Linear-elastische Berechnung ohne Momentenumlagerung 43

4.3.3   Linear-elastische Berechnung mit Momentenumlagerung          43
4.4     Beispiele                                                    44
4.4.1   Zweifeldträger ohne Momentenumlagerung                       45
4.4.2   Fünffeldträger mit Momentenumlagerung                        51

**5       Nachweise der Tragfähigkeit**                              54
5.1     Biegung mit / ohne Längskraft                                54
5.1.1   Spannungsdehnungslinien                                      54
5.1.2   Bemessungshilfsmittel                                        55
5.1.3   Beispiel Plattenbalken ohne Momentenumlagerung               57
5.1.4   Beispiel Plattenbalken mit Momentenumlagerung                60
5.2     Querkraft                                                    61
5.2.1   Nachweisverfahren                                            61
5.2.2   Maßgebender Bemessungsschnitt, auflagernahe Lasten           62
5.2.3   Bauteile ohne rechnerisch erforderliche Schubbewehrung       63
5.2.4   Bauteile mit rechnerisch erforderlicher Schubbewehrung       64
5.2.5   Schub zwischen Balkensteg und Gurt                           67
5.2.6   Beispiel Plattenbalken                                       69
5.3     Torsion                                                      73
5.3.1   Nachweisverfahren                                            73
5.3.2   Kombinierte Beanspruchungen                                  75
5.4     Durchstanzen                                                 77
5.4.1   Nachweisverfahren                                            77
5.4.2   Maßgebender Bemessungsschnitt                                77
5.4.3   Bauteile ohne Schubbewehrung                                 79
5.4.4   Bauteile mit Schubbewehrung                                  80
5.4.5   Mindestmomente                                               81
5.4.6   Beispiel Flachdecke                                          82
5.4.7   Beispiel Fundament                                           86

**6       Nachweise der Gebrauchstauglichkeit**                      89
6.1     Spannungsbegrenzungen                                        89
6.2     Beschränkung der Rißbreite                                   90
6.2.1   Allgemeines                                                  90
6.2.2   Mindestbewehrung                                             90
6.2.3   Beschränkung der Rißbreite ohne direkte Berechnung           92
6.2.4   Beispiel Flachdecke                                          93
6.3     Begrenzung der Durchbiegung                                  95
6.3.1   Allgemeines                                                  95
6.3.2   Begrenzung der Biegeschlankheit                              96
6.3.3   Beispiel Plattenbalken                                       98

**7    Tragfähigkeit schlanker Druckglieder / Stabilitätsnachweis    101**
7.1    Anwendungsbereich, Grundlagen    101
7.2    Ersatzlänge, Schlankheit, Ausmitte    102
7.3    Bemessungshilfsmittel    106
7.4    Beispiel Gebäudestützen    108
7.5    Beispiel Hallenstütze    110

**8    Bewehrungsregeln    113**
8.1    Allgemeine Bewehrungsregeln    113
8.2    Verbund    114
8.2.1    Verbundbedingungen, Verbundspannung    114
8.2.2    Verankerungen    116
8.3    Stöße    118
8.3.1    Allgemeine Anforderungen    118
8.3.2    Übergreifungsstöße von Stäben    119
8.3.3    Stöße von Betonstahlmatten    121

**9    Konstruktionsregeln    123**
9.1    Balken    123
9.1.1    Längsbewehrung    123
9.1.2    Schubbewehrung    127
9.1.3    Torsionsbewehrung    129
9.1.4    Anschluß von Nebenträgern    129
9.1.5    Beispiel Plattenbalken    130
9.2    Ortbetonplatten    136
9.2.1    Biegebewehrung    136
9.2.2    Schubbewehrung    137
9.3    Druckglieder    138
9.3.1    Allgemeines    138
9.3.2    Längs- und Querbewehrung bei Stützen    139
9.3.3    Lotrechte und waagerechte Bewehrung bei Wänden    140
9.3.4    Beispiele Gebäudestützen    141

**10    Nachträglich ergänzte Querschnitte    143**
10.1    Nachweisverfahren    143
10.2    Beispiel Plattenbalken    146

**Anhang    150**

**Literatur    168**

**Sachverzeichnis    170**

**Quellenhinweis**

Folgende Bilder und Tabellen wurden - z.T. leicht verändert - entnommen aus Wendehorst, Bautechnische Zahlentafeln, 27. Auflage, B.G. Teubner, Stuttgart:
*Bilder* 5.3, 5.12, 5.13, 7.1, 7.3, 7.4, 9.1, 9.5, 9.6
*Tabellen* 3.4, 3.5, 3.6, 5.6, 6.3

# 1 Einführung

## 1.1 Die neue Normengeneration

Neue Erkenntnisse über Werkstoffverhalten und Lastabtragung verändern laufend die Konstruktions- und Bemessungspraxis des planenden Ingenieurs. Parallel dazu beeinflussen Geräteentwicklung und veränderte Bauabläufe die Umsetzung auf der Baustelle. Demzufolge sind die Normen in der Regel im Abstand von ungefähr 10 Jahren zu aktualisieren.

Die letzte Überarbeitung der DIN 1045 [1] im Jahre 1988 war relativ moderat, jetzt sind gravierende Änderungen zu erwarten. Zur Diskussion stehen europäische Normen - EN -, die die nationalen Normen ersetzen sollen. Das gilt gleichermaßen für Bauten aus Beton, Stahl, Holz und Mauerwerk. Diese Regelwerke liegen derzeit als europäische Vornorm - ENV - vor, üblich ist die Bezeichnung Eurocode - EC -.

- Eurocode 2 - ENV 1992-1-1 -
  Planung von Stahlbeton- und Spannbetontragwerken,
  Teil 1: Grundlagen und Anwendungsregeln für den Hochbau [2]

erschien 1992. EC 2 darf alternativ zu DIN 1045 bzw. DIN 4227 für Stahlbeton- und Spannbetonbauten zugrunde gelegt werden.

Die Überarbeitung des Eurocode 2 und die Einführung als europäische Norm verzögert sich gegenüber dem ursprünglichen Zeitplan. Deshalb wurde in Anlehnung an EC 2

- Entwurf DIN 1045-1
  Tragwerke aus Beton, Stahlbeton und Spannbeton,
  Teil 1: Bemessung und Konstruktion [3]

herausgegeben. Für den Fall, daß EC 2 vorerst nicht in eine europäische Norm überführt wird, steht mit E DIN 1045 ein zeitgerechter, nationaler Norm-Entwurf zur Verfügung, der nach nochmaliger Einspruchsmöglichkeit als neue deutsche Norm veröffentlicht wird.

Allen neuen Normen des konstruktiven Ingenieurbaus liegt das Prinzip der Teilsicherheitsbeiwerte zugrunde, und zwar sowohl den Eurocodes als auch den DIN-Normen, z.B. Stahlbauten - DIN 18800 -.

Ein einheitliches Nachweisverfahren für alle Bauweisen ist nicht nur für den Tragwerksplaner vorteilhaft, sondern auch unerläßlich bei Mischkonstruktionen, z.B. Hallen mit Stützen aus Stahlbeton, Bindern aus Brettschichtholz und Stahltrapezblechen als Dach.

Im Betonbau gibt es in Zukunft eine gemeinsame Norm für Tragwerke aus Beton, Stahlbeton und Spannbeton. Der Übergang vom Stahlbetonbau zum Spannbetonbau ist fließend, was zu einer zunehmenden Verbreitung von vorgespannten Bauteilen im Hochbau führen kann, die im Ausland längst erkennbar ist.

Die neue Betonbaunorm - sei es EC 2 oder DIN 1045 - läßt höhere Betonfestigkeitsklassen zu, auch für Ortbetonkonstruktionen. Vorteilhaft ist außerdem, daß für alle Betonfestigkeitsklassen der gleiche Teilsicherheitsbeiwert angewendet wird. Für hochbelastete Stützen reicht damit ein deutlich reduzierter Querschnitt aus.

Über das Materialverhalten liegen weiterführende Erkenntnisse vor, deren Umsetzung wirtschaftliche Vorteile bietet. Beispielsweise sind höhere Schubbeanspruchungen vertretbar.

Auch für die Ermittlung der Schnittgrößen ergeben sich neue Möglichkeiten, sei es auf der Grundlage der Plastizitätstheorie oder nichtlinearer Verfahren. Bei der linear-elastischen Berechnung kann eine höhere Momentenumlagerung angesetzt werden.

Parallel zu den Chancen, die die o.g. Nachweise der Tragsicherheit bieten, haben die Nachweise der Gebrauchstauglichkeit an Bedeutung gewonnen. Das betrifft vor allem die Begrenzung der Durchbiegung, die zwar nach wie vor über die Begrenzung der Biegeschlankheit nachgewiesen werden kann, es gelten jedoch engere Grenzwerte.

Die Konstruktionsregeln wurden nicht gravierend verändert. Damit im Bereich kleiner Bemessungsschnittgrößen noch eine ausreichende Tragfähigkeit des Querschnitts vorhanden ist, sind auch für biegebeanspruchte Bauteile Mindestbewehrungen in Längsrichtung und für Schub einzuhalten.


## 1.2  Aufbau und Anwendung des EC 2


EC 2 gilt für Stahlbeton- und Spannbetontragwerke. Teil 1 enthält dafür die Grundlagen und bietet außerdem Anwendungsregeln für den Hochbau. Für spezielle Bauverfahren, z.B. Tragwerke aus Fertigteilen, oder besondere Konstruktionen, z.B. Betonbrücken, gibt es ergänzende Teile.

Tabelle 1.1   Teile des Eurocode 2

| Teil | ENV | Titel |
|---|---|---|
| 1-1 | 1992-1-1 | Grundlagen und Anwendungsregeln für den Hochbau |
| 1-2 | 1992-1-2 | Brandschutztechnische Bemessung |
| 1-3 | 1992-1-3 | Bauteile und Tragwerke aus Fertigteilen |
| 1-4 | 1992-1-4 | Leichtbeton mit geschlossenem Gefüge |
| 1-5 | 1992-1-5 | Tragwerke mit Spanngliedern ohne Verbund |
| 1-6 | 1992-1-6 | Tragwerke aus unbewehrtem Beton |
| 2 | 1992-2 | Betonbrücken |
| 3 | 1992-3 | Betongründungen |
| 4 | 1992-4 | Stütztragwerke und Behälter für Flüssigkeiten |
| 5 | | Wasser- und Meerestragwerke |
| 6 | | Tragwerke aus Massenbeton |

EC 2 unterscheidet zwischen Prinzipien und Anwendungsregeln. Prinzipien enthalten allgemeine Festlegungen und Angaben, die unbedingt einzuhalten sind, sowie Anforderungen und Rechenmodelle, für die keine Abweichungen erlaubt sind. Sie sind durch den Buchstaben P gekennzeichnet.

Anwendungsregeln sind allgemein anerkannte Regeln, die den Prinzipien folgen und deren Anforderungen erfüllen. Abweichungen sind zulässig, wenn sie mit den maßgebenden Prinzipien übereinstimmen.

EC 2 gibt viele Zahlenwerte als Richtwerte an, sie sind durch ⊔ gekennzeichnet. Diese können von den Mitgliedstaaten verändert werden, was in Deutschland in einigen Fällen erfolgt ist, um das bisherige Anforderungsniveau zu erhalten.

Die betontechnischen Regeln enthält

- ENV 206
  Beton; Eigenschaften, Herstellung, Verarbeitung und Gütenachweis [4].

EC 2 und ENV 206 dürfen nur gemeinsam angewendet werden. Eine Verknüpfung mit DIN 1045 oder anderen DIN-Normen ist nicht zulässig.

Da sich das europäische Regelwerk noch im Aufbau befindet, muß vorerst zwangsläufig auf DIN-Normen zurückgegriffen werden, was durch die

- Richtlinie zur Anwendung von Eurocode 2 Teil 1 [5]

geregelt wird. Darin ist auch angegeben, welche der in ⌴ gesetzten Zahlenwerte verändert sind und wie einige Abschnitte des EC 2 auszulegen sind.

EC 2 ist in vielen Bundesländern bauaufsichtlich eingeführt, d.h. EC 2 darf alternativ zu DIN 1045 bzw. DIN 4227 Teil 1 dem Entwurf, der Berechnung und Bemessung sowie der Ausführung von Stahlbeton- und Spannbetonbauten zugrunde gelegt werden. Im Einführungserlaß wird zum Ausdruck gebracht, daß die Lösungen nach EC 2 gleichwertig mit denen nach DIN 1045 bzw. DIN 4227 Teil 1 sind.

## 1.3  Bezeichnungen

Auf den ersten Blick mag die Vielzahl der Indizes verwirren. Ihre Systematik sei vorab erläutert.

Indizes:  Einwirkungen, Tragwiderstand

$S$ .... aufzunehmende Schnittgröße infolge Einwirkung - Last oder Zwang -

$R$ .... aufnehmbare Schnittgröße Tragwiderstand

$k$ .... charakteristischer Wert - ohne Sicherheitsbeiwert -

$d$ .... Bemessungswert - mit Sicherheitsbeiwert -

Indizes:  Material

$c$ .... Beton

$s$ .... Betonstahl

$y$ .... Streckgrenze

$w$ .... Schubbewehrung

griechische Buchstaben

$\gamma$ .... Teilsicherheitsbeiwert

$\psi$ .... Kombinationsbeiwert

$\rho$ .... Bewehrungsgrad

$\delta$ .... Verhältniswert Momentenumlagerung

übrige griechische Buchstaben wie üblich, s. Text

Lasten, Kräfte, Schnittgrößen

$G$ .... ständige Last

$Q$ .... veränderliche Last - Verkehrslast -

$F$ .... Kraft

$N$ .... Längskraft

$M$ .... Biegemoment [kNm]

$m$ .... Biegemoment je Längeneinheit [kNm/m]

$V$ .... Querkraft [kN]

$v$ .... Querkraft je Längeneinheit [kN/m]

Materialwerte

$f$ .... Festigkeit

$f_c$ .... Betondruckfestigkeit - Zylinderdruckfestigkeit -

$f_{ct}$ .... Betonzugfestigkeit

$\tau_{Rd}$ .... Bemessungsschubfestigkeit

$f_y$ .... Streckgrenze

$f_t$ .... Zugfestigkeit

geometrische Größen

$l_{eff}$ .... Stützweite

$l_n$ .... lichte Weite

$b_w$ .... Stegbreite

$b_{eff}$ .... mitwirkende Plattenbreite

$h$ .... Querschnittshöhe - Dicke -

$h_f$ .... Gurtdicke, Flanschdicke

$d$ .... Nutzhöhe

$c$ .... Betondeckung

Bewehrung

$A_s$ .... Bewehrungsquerschnitt

$A_{s,req}$ .... erforderliche Bewehrung, alternativ *erf* $A_s$

$A_{s,prov}$ .... vorhandene Bewehrung, alternativ *vorh* $A_s$

$\varnothing$ .... Stabdurchmesser

$l_b$ .... Grundmaß der Verankerungslänge

$l_{b,net}$ .... Verankerungslänge

$a_l$ .... Versatzmaß

Beispiel

$V_{Sd}$ .... aufzunehmende Querkraft, z.B. infolge der Einwirkungen $G_d + Q_d$ - einschließlich Sicherheitsbeiwert -

$V_{Rd}$ .... aufnehmbare Querkraft eines Querschnitts, d.h. Querkraft-tragfähigkeit - einschließlich Sicherheitsbeiwert -

## 1.4 Zielsetzung und Aufbau des Buches

Das Buch soll den Einstieg in die neue Normengeneration vermitteln, Basis ist der EC 2. Es werden die wesentlichen Nachweise und Konstruktionsregeln im

- Stahlbetonbau

behandelt. Spannbetonbauteile bleiben unberücksichtigt. Fertigteile werden nur im Zusammenhang mit der Schubdeckung zum angrenzenden Ortbeton angesprochen.

Zunächst wird das neue Sicherheitskonzept vorgestellt. Der weitere Aufbau des Buches orientiert sich am Ablauf der Tragwerksplanung, angefangen von der Ermittlung der Schnittgrößen, Bemessung, Nachweise der Gebrauchstauglichkeit bis zur baulichen Durchbildung. Der Bezug zum EC 2 wird durch die in [X.X.X.X] gesetzten Abschnittsnummern des EC 2 hergestellt. Eine Verwechslung mit den ebenfalls in [YY] gesetzten Literaturquellen ist angesichts der unterschiedlichen Ziffernfolge nicht gegeben.

Im Vordergrund stehen die Nachweise, die bei fast allen Stahlbetontragwerken erforderlich sind. Es ist nicht beabsichtigt, alle Einzelheiten und Möglichkeiten des EC 2 vorzustellen und zu erläutern. Für weiterführende Nachweise oder spezielle Konstruktionsregeln werden Literaturquellen genannt.

Die in Teil 1 des EC 2 angegebenen grundsätzlichen Regelungen sind recht allgemein formuliert, damit sie auf unterschiedlichste Tragwerke angewendet werden können. Wenn ohne Berücksichtigung des jeweiligen Tragwerks rein formal vorgegangen wird, kann der Rechenaufwand unnötig ansteigen. Beispielsweise führt die allgemeine Kombinationsregel zu einem überproportionalen Anstieg der Lastfälle, wenn alle veränderlichen Lasten mit gleicher Priorität behandelt werden. Nach Ansicht des Verfassers ist es angebracht, von Fall zu Fall ingenieurmäßig sinnvolle, bauwerksbezogene Vereinfachungen zu wählen.

Die bautechnische Aufgabe sollte im Vordergrund stehen. Der EC 2 enthält manche brauchbare Lösung, die eine Variante zur bisherigen Praxis darstellt. Der Ingenieur sollte im EC 2 eine Chance sehen, den Erfahrungsbereich zu erweitern. Zugegeben, der EC 2 ist nicht benutzerfreundlich aufgebaut, eine redaktionelle Verbesserung stellt der Entwurf DIN 1045 dar.

## 1.5  Baupraktisches Beispiel

Die Aussage eines Regelwerks ist am besten anhand von praxisbezogenen Beispielen zu verstehen und zu beurteilen. In diesem Buch wird der EC 2 auf ein mehrgeschossiges Bürogebäude angewendet. Alle Nachweise beziehen sich auf Bauteile desselben Gebäudes, so daß die Verknüpfung von Geometrie und System, Lasten und Schnittgrößen, Bemessung und baulicher Durchbildung transparent wird.

Untersucht wird ein klar gegliederter Gebäudeflügel. Durch die Verbindung mit dem übrigen Bauwerk ist er hinreichend ausgesteift. Vom Erdgeschoß bis zum 3. Obergeschoß sind Büroräume vorgesehen, im Dachgeschoß befinden sich Technikzentrale und Archivräume, das Kellergeschoß wird als Tiefgarage genutzt.

Stützen sind nur in den Achsen 5, 7 und 8 vorhanden, infolgedessen ergibt sich in Gebäudequerrichtung eine sehr große Spannweite, für die folgende Deckenkonstruktion gewählt wird, s. Bild 1.1 und 1.2:

- Hauptträger in Gebäudelängsrichtung
- Nebenträger in Querrichtung
- einachsig gespannte Platte

Die Bauhöhe des Hauptträgers ist auf 55 cm begrenzt, die Nebenträger sind 50 cm hoch, so daß der Anschluß einwandfrei ausgebildet werden kann. Bei dieser Konstruktion sind Teilfertigteile möglich, und zwar Elementplatten und die Stege der Nebenträger, die durch Ortbeton ergänzt werden.

Im Kellergeschoß ist eine zusätzliche Stützenreihe in Achse 6 möglich. In Hinblick auf eine größtmögliche lichte Höhe ist dort eine Flachdecke vorgesehen. Die Gründung erfolgt mit Einzelfundamenten.

Für alle Decken wird eine veränderliche Last

- $Q_k = 5\ \mathrm{kN/m^2}$

angesetzt. Die Decke über dem 3. Obergeschoß erhält zusätzliche Lasten aus der Dachkonstruktion: ständige Last, Windlast, Schneelast. Für die Büroetagen sind verformungsunempfindliche leichte Trennwände vorgesehen, die statisch nicht weiter zu berücksichtigen sind.

Als Baustoffe werden

- Beton          C30/37
- Betonstahl     S500          (BSt500S)

verwendet.

Alle Bauteile sind feuerbeständig

- F90 - Feuerwiderstandsdauer 90 Minuten

ausgebildet.

Tabelle 1.2  Beispiele

| Nachweis | Bauteil | Pos | Abschnitt |
|---|---|---|---|
| • Schnittgrößen | | | |
| Kombination mehrerer veränderlicher Einwirkungen | Zweifeldträger | 1.2 | 4.4.1 |
| Linear elastische Berechnung ohne Momentenumlagerung | Zweifeldträger | 1.1 | 4.4.1 |
| Linear elastische Berechnung mit Momentenumlagerung | Fünffeldträger | 2 | 4.4.2 |
| • Nachweise der Tragfähigkeit | | | |
| Biegung ohne Momentenumlagerung | Plattenbalken | 1.1 | 5.1.3 |
| Biegung mit Momentenumlagerung | Plattenbalken | 2 | 5.1.4 |
| Querkraft | Plattenbalken | 2 | 5.2.6 |
| Durchstanzen | Flachdecke | 3 | 5.4.6 |
| Durchstanzen | Fundament | 6 | 5.4.7 |
| • Nachweise der Gebrauchstauglichkeit | | | |
| Beschränkung der Rißbreite | Flachdecke | 3 | 6.2.4 |
| Begrenzung der Biegeschlankheit | Plattenbalken | 1.1 | 6.3.3 |
| • Tragfähigkeit schlanker Druckglieder | | | |
| Gebäude | Innenstütze | 4 | 7.4 |
| Gebäude | Randstütze | 5 | 7.4 |
| Halle | Kragstütze | | 7.5 |
| • Konstruktionsregeln | | | |
| Anschluß von Nebenträgern | NT an HT | 2 | 9.1.4 |
| Schubbewehrung und Aufhängebewehrung | Plattenbalken | 2 | 9.1.5 |
| Zugkraftdeckung | Plattenbalken | 2 | 9.1.5 |
| Stützenbewehrung | Innenstütze | 4 | 9.3.4 |

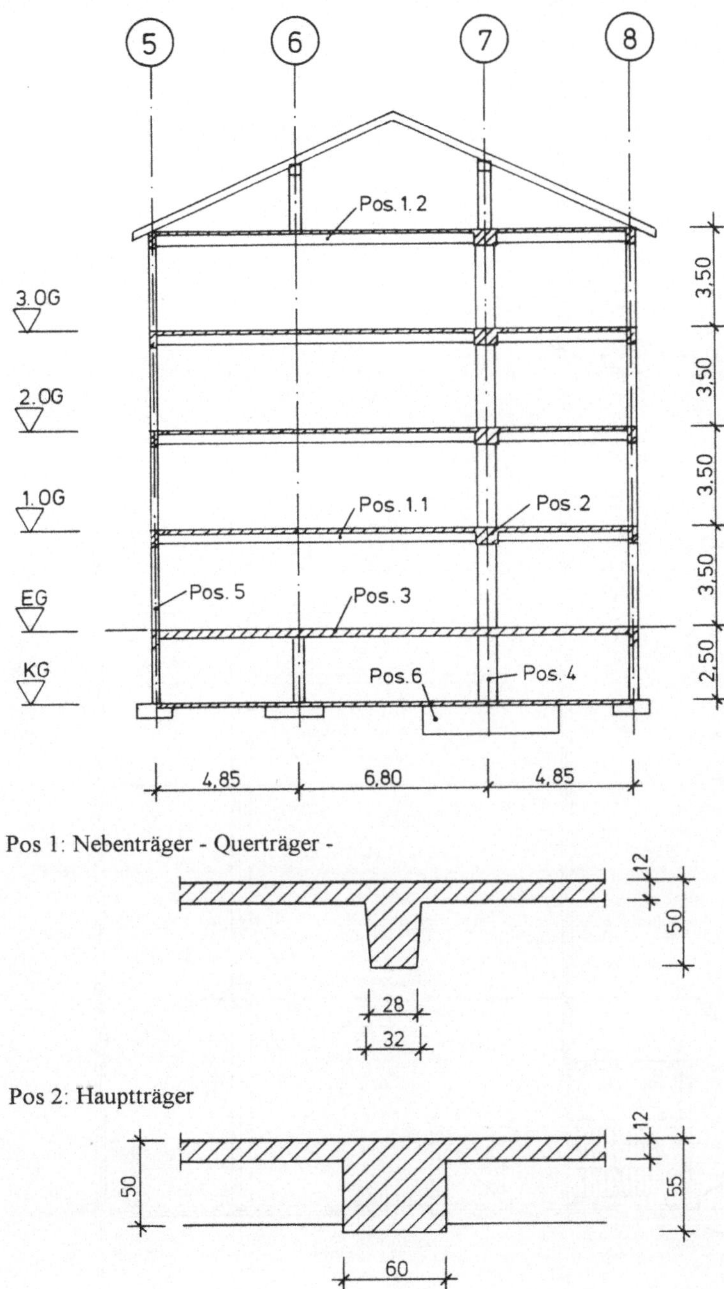



Pos 1: Nebenträger - Querträger -



Pos 2: Hauptträger



Bild 1.1  Bürogebäude Querschnitte

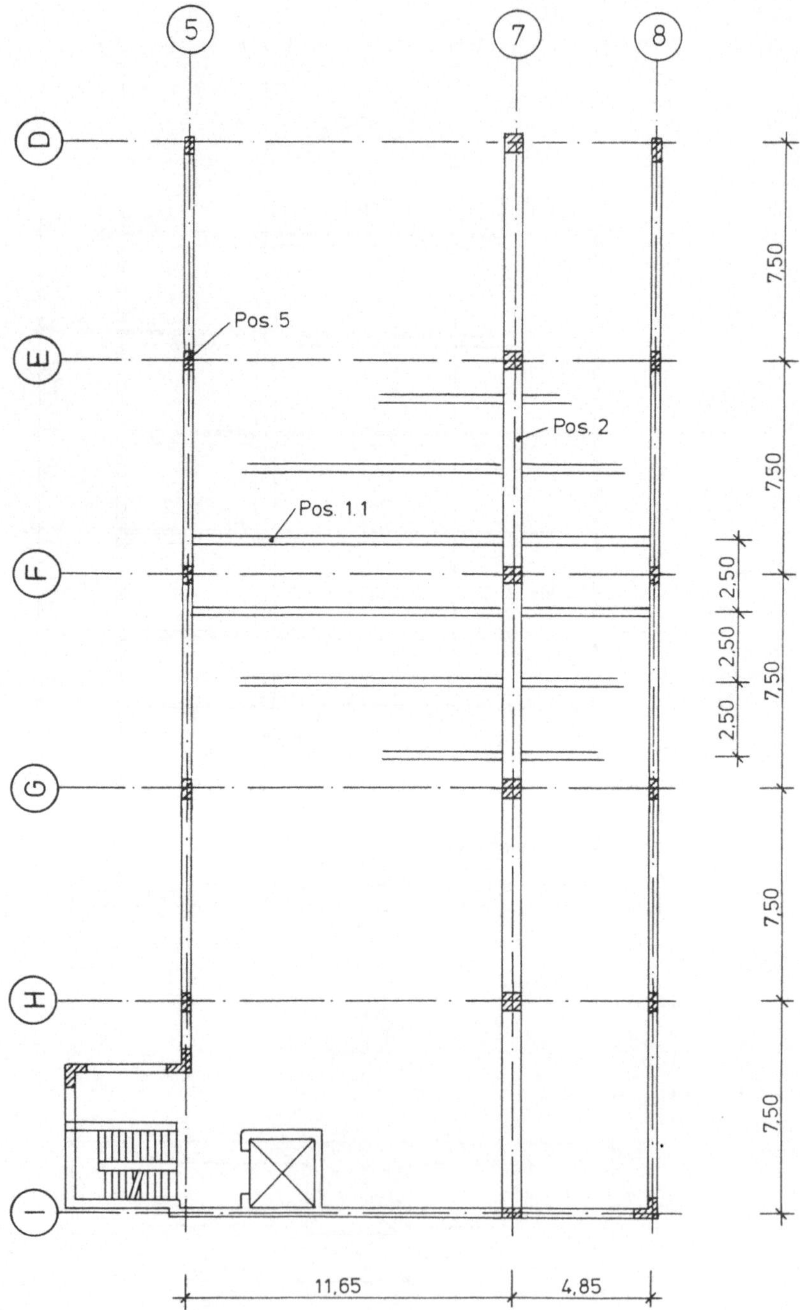


Bild 1.2  Bürogebäude Grundriß

# 2  Sicherheitskonzept

## 2.1  Allgemeines

Ein Tragwerk ist so zu entwerfen und zu bemessen, daß es die geforderte

- Tragfähigkeit und
- Gebrauchstauglichkeit

aufweist. Rein formal wird von Grenzzuständen gesprochen, bei deren Überschreitung die vorgegebenen Anforderungen nicht mehr erfüllt sind [2.2.1.1]. Baupraktisch bedeutet das, daß folgende Nachweise zu erbringen sind:

Grenzzustände der Tragfähigkeit

- Biegung mit / ohne Längskraft
- Querkraft
- Torsion
- Durchstanzen

Grenzzustände der Gebrauchstauglichkeit

- Spannungsbegrenzungen
- Beschränkung der Rißbreite
- Begrenzung der Durchbiegung

Beim Nachweis der Tragfähigkeit werden Unsicherheiten in den Annahmen - System, Lasten, Material - durch Sicherheitsbeiwerte abgedeckt. Anstelle eines globalen Sicherheitsbeiwerts werden in den Eurocodes Teilsicherheitsbeiwerte zugrunde gelegt, und zwar:

$\gamma_F$ .... Teilsicherheitsbeiwert für Einwirkungen (Erhöhung der Lasten)

$\gamma_M$ .... Teilsicherheitsbeiwert für Material (Verminderung der Baustoffkennwerte)

Mit den Teilsicherheitsbeiwerten wird den Unsicherheiten gezielt dort begegnet, wo sie auftreten. Dieser Ansatz liegt allen Eurocodes zugrunde und ist die Grundlage der neuen Normengeneration, auch in neuen DIN-Normen, z.B. DIN 18800, Stahlbauten, Ausgabe 1990 oder Entwurf DIN 1045, Ausgabe 1997.

Es ist unwahrscheinlich, daß verschiedene veränderliche Lasten, z.B. Schnee und Wind, gleichzeitig in voller Größe und in ungünstigster Kombination wirken. Für die Gebrauchstauglichkeit ist in der Regel auch nicht die volle veränderliche Last maßgebend, z. B. bei der Beschränkung der Rißbreite. Deshalb können die veränderlichen Lasten vermindert werden mit

$\psi$ .... Kombinationsbeiwert,

je nachdem, welcher Lastfall zu untersuchen ist.


## 2.2  Einwirkungen


Einwirkung ist der übergeordnete Begriff für:

- Kräfte / Lasten (direkte Einwirkung)

- Zwang (indirekte Einwirkung), z.B. durch Temperatur oder Setzungen

Zu unterscheiden sind:

- ständige Einwirkungen ($G$)
  z.B. Eigenlast, Ausrüstungen, feste Einbauten

- veränderliche Einwirkungen ($Q$)
  z.B. Nutzlasten, Windlasten, Schneelasten

- außergewöhnliche Einwirkungen ($A$)
  z.B. Anprall von Fahrzeugen

**Charakteristische Werte**

sind durch den Index $k$ gekennzeichnet [2.2.2.2]. Sie sind den Lastnormen zu entnehmen. Da sich das europäische Regelwerk noch im Aufbau befindet, verweist die Anwendungsrichtlinie [5] auf DIN-Normen, insbesondere DIN 1055.

**Repräsentative Werte**

werden bei der Kombination der veränderlichen Einwirkungen für bestimmte Bemessungssituationen benötigt [2.2.2.3]:

$\psi_0 \cdot Q_k$ .... Kombinationswert
Nachweis der Tragfähigkeit

$\psi_1 \cdot Q_k$ .... häufiger Wert
Nachweis Biegeschlankheit

$\psi_2 \cdot Q_k$  ....  quasi-ständiger Wert

Nachweis Rißbreitenbeschränkung

Die Kombinationsbeiwerte $\psi$ sind in der Anwendungsrichtlinie [5] angegeben.

Tabelle 2.1 Kombinationsbeiwerte

| Einwirkung | Kombinationsbeiwert | | |
|---|---|---|---|
| | $\psi_0$ | $\psi_1$ | $\psi_2$ |
| Verkehrslasten auf Decken | | | |
| • Wohnräume; Büroräume; Verkaufsräume bis 50 m²; Flure; Balkone; Räume in Krankenhäusern | 0,7 | 0,5 | 0,3 |
| • Versammlungsräume; Garagen und Parkhäuser; Turnhallen; Tribünen; Flure in Lehrgebäuden; Büchereien; Archive | 0,8 | 0,8 | 0,5 |
| • Ausstellungs- und Verkaufsräume; Geschäfts- und Warenhäuser | 0,8 | 0,8 | 0,8 |
| Windlasten | 0,6 | 0,5 | 0 |
| Schneelasten | 0,7 | 0,2 | 0 |
| alle anderen Einwirkungen | 0,8 | 0,7 | 0,5 |

**Bemessungswerte**

sind durch den Index $d$ gekennzeichnet [2.2.2.4]; sie ergeben sich durch Multiplikation des charakteristischen Wertes mit dem entsprechenden Teilsicherheitsbeiwert

$$G_d = \gamma_G \cdot G_k \tag{2.1a}$$

$$Q_d = \gamma_Q \cdot Q_k \tag{2.1b}$$

Mit den Bemessungswerten der Einwirkungen werden Schnittgrößen ermittelt, z.B. Biegemomente, Querkräfte. Allgemein gilt:

$S_d$ .... Bemessungswert einer Schnittgröße bzw. aufzunehmende Schnittgröße

## 2.3  Tragwiderstand

Die Baustoffeigenschaften werden durch charakteristische Werte - Index $k$ - angegeben [2.2.3.1]:

$f_{ck}$ .... charakteristische Zylinderdruckfestigkeit des Betons

$f_{yk}$ .... charakteristischer Wert der Streckgrenze des Betonstahls

Die Baustoffkennwerte sind für Beton in ENV 206 [4] und für Betonstahl in Tabelle R2 der Anwendungsrichtlinie [5] angegeben.

Die Bemessungswerte - Index $d$ - ergeben sich nach Division des charakteristischen Werts durch den entsprechenden Teilsicherheitsbeiwert:

$$f_{cd} = \frac{f_{ck}}{\gamma_c} \tag{2.2a}$$

$$f_{yd} = \frac{f_{yk}}{\gamma_s} \tag{2.2b}$$

Der Tragwiderstand, z.B. das aufnehmbare Moment eines Querschnitts, berücksichtigt neben den Bemessungswerten der Baustoffe die geometrischen Größen des Querschnitts:

$R_d$ .... Tragwiderstand bzw. Tragfähigkeit

## 2.4  Grenzzustände der Tragfähigkeit

### 2.4.1  Nachweisbedingungen

Das Bauteil versagt, wenn ein Grenzzustand der Tragfähigkeit überschritten wird, d.h. der Bruch eines Bauteilquerschnitts wird vermieden, wenn

$$S_d \leq R_d \tag{2.3}$$

Dabei ist $S_d$ der Bemessungswert einer Schnittgröße, z.B. das aufzunehmende Biegemoment und $R_d$ der Bemessungswert des Tragwiderstands, z.B. das aufnehmbare Biegemoment des betreffenden Querschnitts.

Baupraktisch gesehen ist der Nachweis erfüllt, wenn für eine gegebene Schnittgröße, z.B. Biegemoment oder Querkraft, die übliche Querschnittsbemessung erfolgt, d.h. Ermittlung der Biegebewehrung bzw. Schubnachweis/Schubbewehrung.

## 2.4.2  Teilsicherheitsbeiwerte

Die Teilsicherheitsbeiwerte für Einwirkungen enthält Tabelle 2.2, die Teilsicherheitsbeiwerte für die Baustoffeigenschaften enthält Tabelle 2.3.

Tabelle 2.2   Teilsicherheitsbeiwerte für Einwirkungen

|  | ständige Einwirkungen $\gamma_G$ | veränderliche Einwirkungen $\gamma_Q$ |
|---|---|---|
| günstige Auswirkung | 1,0 | 0 |
| ungünstige Auswirkung | 1,35 | 1,5 |

Unterschiedliche Teilsicherheitsbeiwerte für veränderliche Einwirkungen $\gamma_Q = 1{,}5$ bzw. $\gamma_Q = 0$ entsprechen der geläufigen Regel, veränderliche Lasten feldweise ungünstigst anzuordnen. Für ständige Einwirkungen ist es im allgemeinen nicht erforderlich, unterschiedliche Teilsicherheitsbeiwerte anzusetzen. Bei Durchlaufträgern ohne Auskragungen darf die Eigenlast in allen Feldern mit $\gamma_G = 1{,}35$ angesetzt werden [2.3.2.3(4)].

Bei Nachweisen, die empfindlich auf die Größe der ständigen Einwirkung reagieren, sind die günstigen und ungünstigen Anteile der ständigen Einwirkung mit unterschiedlichen Teilsicherheitsbeiwerten [2.3.3.1] zu berücksichtigen:

$$\gamma_{G,inf} = 0{,}9 \qquad \text{günstiger Anteil}$$

$$\gamma_{G,sup} = 1{,}1 \qquad \text{ungünstiger Anteil}$$

Das betrifft z.B. den Nachweis der Lagesicherheit bei Systemen mit großen Kragarmen, s. auch Abschnitt 4.1.

Der Teilsicherheitsbeiwert für Zwang beträgt bei linearer Schnittgrößenermittlung

$$\gamma_Q = 1{,}2$$

Tabelle 2.3   Teilsicherheitsbeiwerte für Baustoffeigenschaften

|                        | Beton $\gamma_c$ | Betonstahl $\gamma_s$ |
|------------------------|---------|------------|
| Grundkombination       | 1,5     | 1,15       |
| außergewöhnliche Kombinationen | 1,3 | 1,0     |

### 2.4.3  Kombination von Einwirkungen

Bei der Ermittlung der Schnittgrößen werden wie üblich die veränderlichen Einwirkungen in ungünstigster Anordnung berücksichtigt. Sofern mehrere, voneinander unabhängige veränderliche Einwirkungen vorhanden sind, brauchen sie nicht alle in voller Größe angesetzt zu werden. Damit ergeben sich verschiedene Kombinationen.

Bei der Grundkombination [2.3.2.2] wird eine veränderliche Last in voller Größe berücksichtigt, die übrigen veränderlichen Lasten werden mit dem Kombinationsbeiwert $\psi_0$ abgemindert.

$$\sum \gamma_{G,j} \cdot G_{k,j} + \gamma_{Q,1} \cdot Q_{k,1} + \sum_{i>1} \gamma_{Q,i} \cdot \psi_{0,i} \cdot Q_{k,i} \qquad (2.4a)$$

$G_{k,j}$ .... charakteristischer Wert der ständigen Einwirkung

$Q_{k,1}$ .... charakteristischer Wert einer der veränderlichen Einwirkungen

$Q_{k,i}$ .... charakteristischer Wert weiterer veränderlicher Einwirkungen

$\gamma_{G,j}$ .... Teilsicherheitsbeiwert für ständige Einwirkung $j$

$\gamma_{Q,i}$ .... Teilsicherheitsbeiwert für veränderliche Einwirkung $i$

Bei nur einer veränderlichen Einwirkung, z.B. bei Decken für Wohn- und Bürogebäude, vereinfacht sich Gl. (2.4a)

$$\gamma_G \cdot G_k + \gamma_Q \cdot Q_k \qquad (2.4b)$$

Mehrere veränderliche Lasten liegen beispielsweise für den Plattenbalken Pos 1.2 im obersten Geschoß des Bürogebäudes vor, s. Abschnitt 1.5. Zusätzlich zur Nutzlast auf der Decke sind Wind- und Schneelasten aus der Dachkonstruktion abzutragen, s. Bild 2.1.

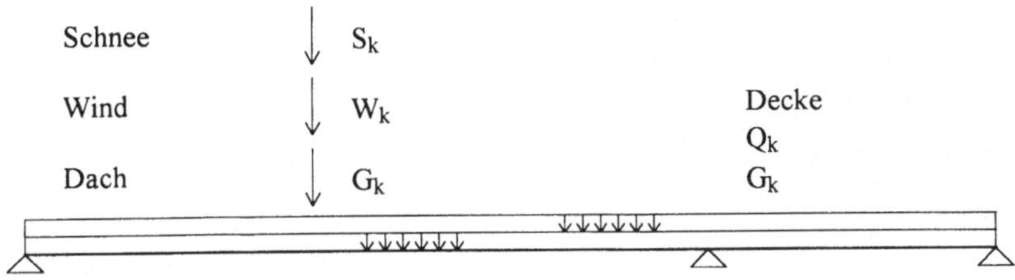


Bild 2.1   Pos 1.2: Lasten

Mit den Kombinationsbeiwerten nach Tabelle 2.1

- Nutzlast Decke (Büro) $Q$:        $\psi_0 = 0{,}7$

- Windlasten $W$:        $\psi_0 = 0{,}6$

- Schneelasten $S$:        $\psi_0 = 0{,}7$

ergibt sich die Grundkombination gemäß Tabelle 2.4.


Tabelle 2.4   Pos 1.2: Grundkombination

| Nr | ständige Einwirkungen | veränderliche Einwirkungen | |
|---|---|---|---|
| | | Leitvariable | übrige Einwirkungen |
| 1.1 | $\sum \gamma_{G,j} \cdot G_{k,j}$ | $\gamma_Q \cdot Q_k$ | $\gamma_Q \cdot 0{,}6 \cdot W_k + \gamma_Q \cdot 0{,}7 \cdot S_k$ |
| 1.2 | $\sum \gamma_{G,j} \cdot G_{k,j}$ | $\gamma_Q \cdot W_k$ | $\gamma_Q \cdot 0{,}7 \cdot Q_k + \gamma_Q \cdot 0{,}7 \cdot S_k$ |
| 1.3 | $\sum \gamma_{G,j} \cdot G_{k,j}$ | $\gamma_Q \cdot S_k$ | $\gamma_Q \cdot 0{,}7 \cdot Q_k + \gamma_Q \cdot 0{,}6 \cdot W_k$ |


Vereinfachend dürfen Gln. (2.4) wie folgt ersetzt werden:

$$\sum \gamma_{G,j} \cdot G_{k,j} + 1{,}5 \cdot Q_{k,1} \tag{2.5a}$$

$$\sum \gamma_{G,j} \cdot G_{k,j} + 1{,}35 \cdot \sum_{i \geq 1} Q_{k,i} \tag{2.5b}$$

Der ungünstigere Wert ist maßgebend.

Für den Plattenbalken Pos 1.2 ergibt sich danach die vereinfachte Kombination gemäß Tabelle 2.5.

Tabelle 2.5   Pos 1.2: Vereinfachte Kombination

|       | ständige Einwirkungen | veränderliche Einwirkungen |
|-------|-----------------------|----------------------------|
| 2.1   | $\sum \gamma_{G,j} \cdot G_{k,j}$ | $1{,}5 \cdot Q_k$ |
| 2.2   | $\sum \gamma_{G,j} \cdot G_{k,j}$ | $1{,}5 \cdot W_k$ |
| 2.3   | $\sum \gamma_{G,j} \cdot G_{k,j}$ | $1{,}5 \cdot S_k$ |
| 2.4   | $\sum \gamma_{G,j} \cdot G_{k,j}$ | $1{,}35 \cdot \left( Q_k + W_k + S_k \right)$ |

Für den Plattenbalken Pos 1.2 werden die o.g. Kombinationen für die gegebenen Lasten ausgewertet und die daraus resultierenden Schnittgrößen gegenübergestellt, s. Abschnitt 4.4.1.

Bei vorwiegend auf Biegung beanspruchten Bauteilen ist es im allgemeinen möglich, von vornherein die maßgebende Kombination zu erkennen und damit den Rechenaufwand zu reduzieren und überschaubar zu halten. Das ist bei überwiegend auf Druck beanspruchten Bauteilen nicht so einfach, insbesondere bei Anwendung der Theorie II. Ordnung. Dann ist eine größere Zahl von Lastkombinationen zu berücksichtigen.

Zusätzlich erhöht sich die Zahl der Kombinationen, wenn bei der Weiterleitung der Lasten die Kombinationsregel auf alle dabei erfaßten Bauteile angewendet wird. Die Gefahr, dabei die Übersicht zu verlieren, ist groß. In der Regel ist es zweckmäßiger, die Zahl der Lastkombinationen sinnvoll zu begrenzen.

Bei außergewöhnlichen Bemessungssituationen, z.B. Anprall, beträgt der Teilsicherheitsbeiwert $\gamma_F = 1{,}0$. Die ständigen Einwirkungen und die außergewöhnlichen Einwirkungen werden in voller Größe angesetzt; die übrigen veränderlichen Lasten werden mit den Kombinationsbeiwerten $\psi_1$ bzw. $\psi_2$ multipliziert [2.3.2.2].

$$\sum G_{k,j} + A_d + \psi_{1,1} \cdot Q_{k,1} + \sum \psi_{2,i} \cdot Q_{k,i} \tag{2.6}$$

$A_d$ .... Bemessungswert (festgelegter Wert) der außergewöhnlichen Einwirkung

$\psi_1, \psi_2$ .... Kombinationsbeiwerte, s. Tabelle 2.1.

## 2.5  Grenzzustände der Gebrauchstauglichkeit

Bei Überschreiten der Grenzzustände der Gebrauchstauglichkeit sind festgelegte Bedingungen nicht mehr erfüllt. Dazu zählen:

- Spannungsbegrenzung
- Beschränkung der Rißbreite
- Begrenzung der Durchbiegung

Folgende Einwirkungskombinationen sind zu unterscheiden [2.3.3]:
Seltene Kombinationen

$$\sum G_{k,j} + Q_{k,1} + \sum_{i>1} \psi_{0,i} \cdot Q_{k,i} \tag{2.7a}$$

Häufige Kombinationen

$$\sum G_{k,j} + \psi_{1,1} \cdot Q_{k,1} + \sum_{i>1} \psi_{2,i} \cdot Q_{k,i} \tag{2.7b}$$

Quasi-ständige Kombinationen

$$\sum G_{k,j} + \sum_{i\geq1} \psi_{2,i} \cdot Q_{k,i} \tag{2.7c}$$

Bei mehreren veränderlichen Einwirkungen sollte angestrebt werden, mit einer Vorauswahl die Zahl der Kombinationen gering zu halten.

Bei Gebäuden dürfen die seltenen und die häufigen Einwirkungskombinationen folgendermaßen vereinfacht werden:

$$\sum G_{k,j} + Q_{k,i} \tag{2.8a}$$

$$\sum G_{k,j} + 0{,}9 \cdot \sum_{i\geq1} Q_{k,i} \tag{2.8b}$$

Der ungünstigere Wert ist maßgebend.

Der Bemessungswert des Bauteilwiderstands ist in der Regel mit $\gamma_M = 1{,}0$ anzusetzen, d.h. es erfolgt kein Abschlag durch Teilsicherheitsbeiwerte.

Ermittlung der maßgebenden Kombinationen für verschiedene Nachweise, s. Abschnitt 6.2.4 und 6.3.3.

# 3 Baustoffe, Dauerhaftigkeit, Betondeckung

## 3.1 Beton

### 3.1.1 Festigkeit

ENV 206 [4] beschreibt die Eigenschaften und die Herstellung des Betons. Im folgenden sind die Festigkeits- und Verformungseigenschaften für Normalbeton - Rohdichte zwischen 2000 kg/m³ und 2800 kg/m³ - aufgeführt.

Der entscheidende Wert ist

- $f_{ck}$ .... charakteristische Zylinderdruckfestigkeit im Alter von 28 Tagen
- $f_{ck,cube}$ .... Würfeldruckfestigkeit wird nur als Alternative zum Gütenachweis genannt [3.1.2.4].

Beispiel:
Betonfestigkeitsklasse C20/25
Zylinderdruckfestigkeit $f_{ck}$ = 20 N/mm²
Würfeldruckfestigkeit $f_{ck,cube}$ = 25 N/mm²

Da die Lagerungsbedingungen nach ISO 2736 anzuwenden sind, ergeben sich für gleiche Probekörper andere Festigkeiten als nach DIN 1045 bzw. DIN 1048. Gemäß Anwendungsrichtlinie [5] können die Festigkeiten am Probewürfel mit 150 mm Kantenlänge von DIN 1045 nach EC 2 umgerechnet werden

$$f_{c(\text{ISO})} = 0{,}92 \cdot \beta_{WN(\text{DIN})} \tag{3.1}$$

Um den Bezug zum 200 mm Würfel herzustellen ist gemäß DIN 1045 noch der Faktor 1,05 zu berücksichtigen. Bezogen auf B25 ergibt sich

$$f_{ck,cube} = 0{,}92 \cdot 1{,}05 \cdot 25 = 24{,}1 \text{ N/mm}^2,$$

d.h. B25 ist mit C20/25 vergleichbar.

Die Zugfestigkeit kann aus der Druckfestigkeit ermittelt werden [3.1.2.3]:

$$f_{ctm} = 0{,}30 \cdot f_{ck}^{1/3} \tag{3.2a}$$

$$f_{ctk;0,05} \quad = 0,7 \cdot f_{ctm} \tag{3.2b}$$

$$f_{ctk;0,95} \quad = 1,3 \cdot f_{ctm} \tag{3.2c}$$

$f_{ctm}$ ....Mittelwert der Zugfestigkeit

$f_{ctk;0,05}$ ....unterer Grenzwert der charakteristischen Zugfestigkeit

$f_{ctk;0,95}$ ....oberer Grenzwert der charakteristischen Zugfestigkeit

In Tabelle 3.1 sind die Betonkennwerte zusammengestellt. Bemerkenswert ist, daß EC 2 höhere Betonfestigkeitsklassen zuläßt als DIN 1045.

Tabelle 3.1  Betonfestigkeiten und Elastizitätsmodul

|  | Betonfestigkeitsklasse | | | | | | | | |
|---|---|---|---|---|---|---|---|---|---|
|  | 12/15 | 16/20 | 20/25 | 25/30 | 30/37 | 35/45 | 40/50 | 45/55 | 50/60 |
| $f_{ck}$ | 12 | 16 | 20 | 25 | 30 | 35 | 40 | 45 | 50 |
| $f_{ctm}$ | 1,6 | 1,9 | 2,2 | 2,6 | 2,9 | 3,2 | 3,5 | 3,8 | 4,1 |
| $f_{ctk;0,05}$ | 1,1 | 1,3 | 1,5 | 1,8 | 2,0 | 2,2 | 2,5 | 2,7 | 2,9 |
| $f_{ctk;0,95}$ | 2,0 | 2,5 | 2,9 | 3,3 | 3,8 | 4,2 | 4,6 | 4,9 | 5,3 |
| $E_{cm}$ [kN/mm²] | 26 | 27,5 | 29 | 30,5 | 32 | 33,5 | 35 | 36 | 37 |

## 3.1.2  Verformungseigenschaften

Der Elastizitätsmodul kann Tabelle 3.1 entnommen werden (kN/mm²).

- Querdehnzahl
  im allgemeinen            0,2
  bei Rißbildung näherungsweise    0

- Wärmedehnzahl           $10^{-5} \, / \, K$

Kriechen und Schwinden des Betons hängen hauptsächlich von der Feuchte der Umgebung, den Maßen des Bauteils und der Zusammensetzung des Betons ab. Das Kriechen wird auch vom Reifegrad des Betons (Alter) beim erstmaligen Aufbringen der Last sowie von der Dauer und der Größe der Beanspruchung beeinflußt.

Tabelle 3.2 für die Endkriechzahl und Tabelle 3.3 für das Endschwindmaß werden nur im Falle einer Verformungsberechnung und ggf. beim Nachweis nach Theorie II. Ordnung benötigt.

Tabelle 3.2   Endkriechzahl $\varphi_{(\infty,t_0)}$

| Alter bei Belastung | wirksame Bauteildicke  $2\,A_c\,/\,u$ ( mm ) | | | | | |
| | 50 | 150 | 600 | 50 | 150 | 600 |
| $t_0$ ( Tage ) | trockene Umgebungsbedingungen ( innen ) ($RH = 50\,\%$) | | | feuchte Umgebungsbedingungen ( außen ) ($RH = 80\,\%$) | | |
|---|---|---|---|---|---|---|
| 1 | 5,5 | 4,6 | 3,7 | 3,6 | 3,2 | 2,9 |
| 7 | 3,9 | 3,1 | 2,6 | 2,6 | 2,3 | 2,0 |
| 28 | 3,0 | 2,5 | 2,0 | 1,9 | 1,7 | 1,5 |
| 90 | 2,4 | 2,0 | 1,6 | 1,5 | 1,4 | 1,2 |
| 365 | 1,8 | 1,5 | 1,2 | 1,1 | 1,0 | 1,0 |

Tabelle 3.3   Endschwindmaß $\varepsilon_{cs\infty}$ [‰]

| Lage des Bauteils | relative Luftfeuchte ( % ) | wirksame Bauteildicke  $2\,A_c\,/\,u$ | |
| | | $\leq 150$ mm | 600 mm |
|---|---|---|---|
| innen | 50 | - 0,60 | - 0,50 |
| außen | 80 | - 0,33 | - 0,28 |

$A_c$ .... Querschnittsfläche des Betons
$u$    .... Querschnittsumfang

## 3.2  Betonstahl

Bis zum Erscheinen einer entsprechenden europäischen Norm gelten für Betonstabstahl und Betonstahlmatten die Normen der Reihe DIN 488 und für Betonstahl in Ringen die bauaufsichtlichen Zulassungsbescheide.

Maßgebende Eigenschaften des Betonstahls sind:

- charakteristische Streckgrenze $f_{yk}$
- Duktilität

Die Duktilität kennzeichnet die Dehnfähigkeit des Betonstahls. Sie hat Einfluß auf die Bemessung, insbesondere auf die Größe der Momentenumlagerung.

Unterschieden werden:

- normale Duktilität
- hohe Duktilität

Als normalduktil gelten Betonstähle mit einem Verhältnis Zugfestigkeit zu Streckgrenze von mindestens 1,05; als hochduktil mit einem Verhältnis von mindestens 1,08. Die Gesamtdehnung bei Erreichen der Höchstzugkraft muß bei normalduktilem Betonstahl 2,5 % und bei hochduktilem 5 % betragen [3.2.4.2]. Die Einordnung der gängigen schweißgeeigneten Betonstähle in die Duktilitätsklassen nach EC 2 ist Tabelle 3.4 zu entnehmen.

Tabelle 3.4  Schweißgeeignete Betonstähle in Deutschland

| Betonstahl nach | Bezeichnung | Lieferform | Durchmesser in mm | Oberfläche | Nennstreckgrenze $f_{yk}$ in N/mm$^2$ | Duktilität nach EC 2, Teil 1 |
|---|---|---|---|---|---|---|
| DIN 488 | BSt 420 S | Stab | 6 bis 28 | gerippt | 420 | hoch |
|  | BSt 500 S | Stab | 6 bis 28 | gerippt | 500 | hoch |
|  | BSt 500 M | Matte | 6 bis 28 | gerippt | 500 | normal |
| bauaufsichtliche Zulassung | BSt 500 WR | Ring | 6 bis 14 | gerippt | 500 | hoch |
|  | BSt 500 WR | Ring | 6 bis 12 | gerippt | 500 | normal |

Der Elastizitätsmodul beträgt [3.2.4.3]:

$$E_s = 200 \cdot 10^3 \ \text{N/mm}^2$$

Im folgenden wird die Bezeichnung S500 für Betonstahl mit $f_{yk} = 500$ N/mm$^2$ gewählt. Da in Deutschland ausschließlich diese Festigkeitsklasse verwendet wird, sind alle weiteren Tabellen entsprechend verkürzt wiedergegeben und enthalten keine Angaben für andere Stahlsorten.

## 3.3  Anforderungen an die Dauerhaftigkeit

### 3.3.1  Allgemeines

EC 2 mißt der Forderung nach dauerhaften Tragwerken große Bedeutung bei. Während der vorgesehenen Nutzungsdauer sollen Gebrauchstauglichkeit, Standfestigkeit und Stabilität ohne wesentlichen Verlust der Nutzungseigenschaften bei angemessenem Instandhaltungsaufwand erhalten bleiben [4.1.1]. Das bedeutet, die vorgesehene Nutzungsdauer und die in Betracht kommenden Einwirkungen sind zu definieren.

Die Dauerhaftigkeit kann durch

- direkte Einwirkungen, z.B. Lasten

- indirekte Einwirkungen, z.B. Verformungen

beeinträchtigt werden. Es muß der mögliche Einfluß sowohl aus direkten als auch indirekten Beanspruchungen berücksichtigt werden. EC 2 verweist ausdrücklich auf Zwangbeanspruchungen, z.B. infolge Temperatur, Kriechen, Schwinden, die bei der Planung und bei der Bemessung zu erfassen sind [4.1.2.5].

Für die Praxis bedeutet das, daß die

- Grenzzustände der Gebrauchstauglichkeit gleichrangig mit den

- Grenzzuständen der Tragfähigkeit

zu sehen sind.

Neben den Beanspruchungen, die aus Lasten oder Zwang resultieren, sind

- chemische und physikalische Einwirkungen

zu berücksichtigen.

Die Anforderungen an die Dauerhaftigkeit können durch

- konstruktive Maßnahmen,
  z.B. Tragwerksgeometrie, Fugen, Entwässerung

- Baustoffauswahl,
  z.B. Betonzusammensetzung, Betondeckung

- Bauablauf,
  z.B. Betonnachbehandlung

erfüllt werden.

## 3.3.2  Umweltbedingungen

Die Umweltbedingungen sind für die Zusammensetzung des Betons und für die Betondeckung entscheidend. In Abhängigkeit von den Umweltbedingungen sind in Tabelle 3.5 Umweltklassen definiert [4.1.3.3].

Tabelle 3.5  Umweltklassen in Abhängigkeit von den Umweltbedingungen

| Umweltklasse | | Beispiele für Umweltbedingungen |
|---|---|---|
| 1<br>Trockene Umgebung | | — Innenräume von Wohn- oder Bürogebäuden[1]) |
| 2<br>Feuchte<br>Umgebung | a<br>ohne<br>Frost | — Gebäudeinnenräume mit hoher Feuchte (z. B. Wäschereien)<br>— Außenbauteile<br>— Bauteile in nichtangreifendem Boden und/oder Wasser |
| | b<br>mit<br>Frost | — Außenbauteile, die Frost ausgesetzt sind<br>— Bauteile in nichtangreifendem Boden und/oder Wasser, die Frost ausgesetzt sind<br>— Innenbauteile bei hoher Luftfeuchte, die Frost ausgesetzt sind |
| 3<br>Feuchte Umgebung mit<br>Frost und Taumittel-<br>einwirkung | | — Außenbauteile, die Frost und Taumitteln ausgesetzt sind |
| 4<br>Meerwasser-<br>umgebung | a<br>ohne<br>Frost | — Bauteile im Spritzwasserbereich oder ins Meerwasser eintauchende Bauteile, bei denen eine Fläche der Luft ausgesetzt ist<br>— Bauteile in salzgesättigter Luft (unmittelbarer Küstenbereich) |
| | b<br>mit<br>Frost | — Bauteile im Spritzwasserbereich oder ins Meerwasser eintauchende Bauteile, bei denen eine Fläche Luft und Frost ausgesetzt ist<br>— Bauteile, die salzgesättigter Luft und Frost ausgesetzt sind |
| Die folgenden Klassen können einzeln oder in Kombination mit den oben genannten Klassen vorliegen: | | |
| 5<br>Chemisch<br>angreifende<br>Umgebung | a | Schwach chemisch angreifende Umgebung (gasförmig, flüssig oder fest)<br>Aggressive industrielle Atmosphäre |
| | b | Mäßig chemisch angreifende Umgebung (gasförmig, flüssig oder fest) |
| | c | Stark chemisch angreifende Umgebung (gasförmig, flüssig oder fest) |

[1]) Diese Umweltklasse gilt nur dann, wenn das Bauwerk oder einige seiner Bauteile während der Bauausführung über einen längeren Zeitraum hinweg keinen schlechteren Bedingungen ausgesetzt wird.

ENV 206 [4] regelt die Zusammensetzung des Betons hinsichtlich

- Wasserzementwert

- Zementgehalt

- Luftporengehalt

Tabelle 3.6   Anforderungen hinsichtlich der Dauerhaftigkeit
in Abhängigkeit von den Umweltklassen

| Anforderung | Umweltklasse | | | | | | | | |
|---|---|---|---|---|---|---|---|---|---|
| | 1 | 2 a | 2 b | 3 | 4 a | 4 b | 5 a | 5 b | 5 c |
| Maximaler Wasserzementwert für | | | | | | | | | |
| – unbewehrten Beton | -- | 0,70 | | | | | | | |
| – Stahlbeton | 0,65 | 0,60 | 0,55 | 0,50 | 0,55 | 0,50 | 0,55 | 0,50 | 0,45 |
| – Spannbeton | 0,60 | 0,60 | | | | | | | |
| Mindestzementgehalt in kg/m$^3$ für | | | | | | | | | |
| – unbewehrten Beton | 150 | 200 | 200 | | | | 200 | | |
| – Stahlbeton | 260 | 280 | 280 | 300 | 300 | 300 | 280 | 300 | 300 |
| – Spannbeton | 300 | 300 | 300 | | | | 300 | | |
| Mindestluftporengehalt von Frischbeton in % für den Nennwert des Zuschlaggrößtkorns | | | | | | | | | |
| – 32 mm | – | – | 4 | 4 | – | 4 | – | – | – |
| – 16 mm | – | – | 5 | 5 | – | 5 | – | – | – |
| – 8 mm | – | – | 6 | 6 | – | 6 | – | – | – |

Tabelle 3.6 ist eine gekürzte Wiedergabe. Die Anforderungen nach ENV 206 sind strenger als nach DIN 1045, z.B. gilt für Außenbauteile, die Frost ausgesetzt sind:

Umweltklasse 2b

W/Z ≤ 0,55

Z > 280 kg/m³

Luftporengehalt ≥ 4%

Die o.g. Zusammensetzung ergibt einen Beton der Festigkeitsklasse C30/37. Weber [12] hat die Anforderungen nach ENV 206 und DIN 1045 verglichen und eine Aussage über die Betonfestigkeitsklassen gemacht. Danach erfüllt der Beton C20/25 praktisch nur die Anforderungen der Umweltklasse 1 - trockene Umgebung -.

Häufig ergibt sich aufgrund der Anforderungen hinsichtlich der Dauerhaftigkeit eine höhere Betonfestigkeitsklasse als für die Tragfähigkeit erforderlich ist. Wenn das zu Beginn der Tragwerksplanung erkennbar ist, sollten die Vorteile der höheren Festigkeit bei der Bemessung, z.B. Schubsicherung, und bei der baulichen Durchbildung, z.B. Verankerungslängen, konsequent genutzt werden.

### 3.3.3  Betondeckung

Die Betondeckung der Bewehrung soll folgendes sicherstellen:

- Korrosionsschutz

- Übertragung von Verbundkräften

- Brandschutz

Die o.g. Kriterien erfordern eine Mindestbetondeckung *min c*. Für unplanmäßige Abweichungen ist eine Vergrößerung um ein Vorhaltemaß $\Delta h$ erforderlich. Daraus ergibt sich das Nennmaß der Betondeckung

$$nom\ c = min\ c + \Delta h, \tag{3.3}$$

das auf den Bewehrungszeichnungen anzugeben ist.

Die Mindestbetondeckung zum Schutz der Bewehrung gegen Korrosion enthält Tabelle 3.6 in Abhängigkeit von der maßgebenden Umweltklasse [4.1.3.3].

Tabelle 3.7  Mindestbetondeckung *min c*

| | Umweltklasse nach Tabelle 3.5 | | | | | | | | |
|---|---|---|---|---|---|---|---|---|---|
| | 1 | 2a | 2b | 3 | 4a | 4b | 5a | 5b | 5c |
| *min c* [mm] | 15 | 20 | 25 | 40 | 40 | 40 | 25 | 30 | 40 |

Für plattenförmige Bauteile darf eine Abminderung von 5 mm für die Umweltklassen 2 - 5 erfolgen. Eine Abminderung von 5 mm ist ferner für Betonfestigkeitsklassen C40/50 und darüber in den Umweltklassen 2a bis 5b zulässig. Jedoch darf *min c* nicht den Wert für Umweltklasse 1 in Tabelle 3.6 unterschreiten. Für die Umweltklasse 5c sollten Beschichtungen vorgesehen werden, damit ein direkter Kontakt mit chemisch angreifenden Stoffen vermieden wird.

Um die Verbundkräfte sicher zu übertragen, gilt

$$min\ c \geq \varnothing\ \text{oder}\ \varnothing_n \tag{3.4}$$

$\varnothing$  .... Durchmesser des Betonstahls

$\varnothing_n$  .... Vergleichsdurchmesser eines Stabbündels

Das Vorhaltemaß beträgt gemäß Anwendungsrichtlinie [5]

$$\Delta h = 10 \text{ mm}$$

für Ortbetonbauteile und für Betonfertigteile. Nur bei einer entsprechenden Qualitätskontrolle von Planung und Ausführung darf dieser Wert um 5 mm unterschritten werden. Zu beachten ist dabei das "Merkblatt Betondeckung" des Deutschen Beton-Vereins.

Wird gegen unebene Flächen betoniert, sollte die Mindestbetondeckung nach Tabelle 3.7 erhöht werden, und zwar

- Beton, der direkt gegen das Erdreich geschüttet wird:
  $min\ c \geq 75$ mm

- Beton, der auf vorbereiteten Untergrund, z.B. Unterbeton, geschüttet wird:
  $min\ c \geq 40$ mm.

Für den Brandschutz können größere Betondeckungen erforderlich sein. Gemäß Anwendungsrichtlinie ist auf DIN 4102 zurückzugreifen.

Beispiele s. Abschnitt 5.

# 4 Schnittgrößen

## 4.1 Kombinationen von Einwirkungen

Zur Ermittlung der maßgebenden Kombination von Einwirkungen - ständige Lasten, unterschiedliche veränderliche Lasten und Zwang, z.B. Stützensenkung - ist eine ausreichende Anzahl von Lastfällen zu untersuchen. Es können vereinfachte Lastfälle verwendet werden, sofern sie auf einer sinnvollen Interpretation des Tragverhaltens beruhen [2.5.1.2].

Bei Durchlaufträgern und -platten ohne Auskragungen, die überwiegend durch gleichmäßig verteilte Lasten beansprucht werden, reicht es in der Regel aus, folgende Lastfälle zu untersuchen, s. Bild 4.1:

- ständige Bemessungslast $\gamma_G \cdot G_k$ in allen Feldern
- veränderliche Bemessungslast $\gamma_Q \cdot Q_k$

    a) in jedem zweiten Feld
    b) in zwei beliebig nebeneinander liegenden Feldern

a)

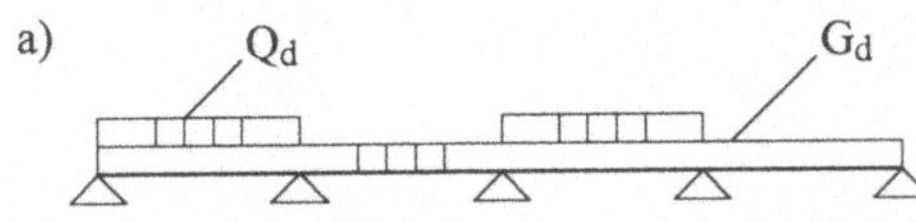


b)

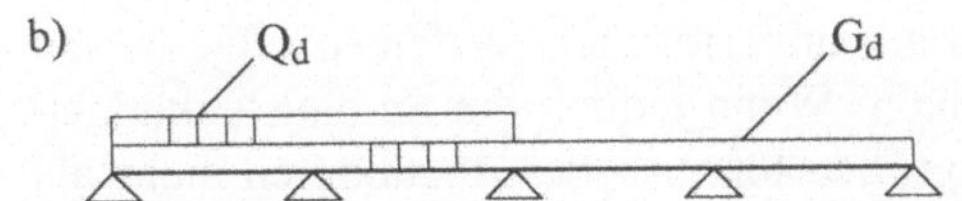


Bild 4.1  Lastfälle für Durchlaufträger und
-platten
a) max Feldmomente
b) min Stützmomente

Lastfall b) ergibt geringfügig günstigere Stützmomente als nach der bisher üblichen Lastanordnung, die die veränderliche Last auch in den jeweils übernächsten Feldern berücksichtigt. Entsprechende Tafeln enthält [13].

Nach Ansicht des Verfassers kann die o.g. Regel auch bei durchlaufenden Systemen mit Auskragungen angewendet werden, solange die Auskragung die Schnittgrößen nicht gravierend beeinflußt.

Ganz anders ist zu verfahren, wenn das Tragwerk in hohem Maße anfällig gegen Schwankungen der ständigen Einwirkung ist. Das betrifft z. B. das statische Gleichgewicht oder die Lagesicherheit von Systemen mit Kragarmen sowie

Durchlaufträger mit sehr unterschiedlichen Feldweiten. Dann sind günstige und ungünstige Anteile der ständigen Einwirkung als eigenständig zu betrachten und mit unterschiedlichen Teilsicherheitsbeiwerten zu multiplizieren [2.3.2.3 P(3) und 2.3.3.1 P(3)], s. Bild 4.2.

$$\gamma_{G,inf} = 0{,}9 \quad \text{günstiger Anteil}$$

$$\gamma_{G,sup} = 1{,}1 \quad \text{ungünstiger Anteil}$$

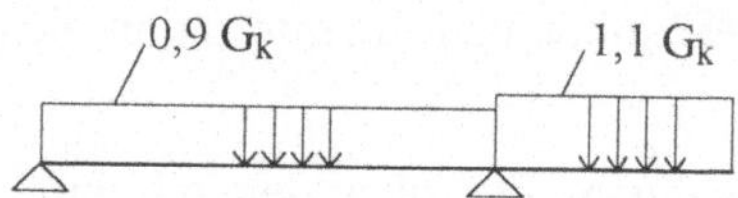


Bild 4.2　Grenzzustand des statischen Gleichgewichts, ständige Einwirkung

Ein ausführliches Beispiel mit unterschiedlichen Teilsicherheitsbeiwerten für die ständigen Einwirkungen enthält [14].

## 4.2　Idealisierungen und Vereinfachungen

### 4.2.1　Allgemeines

Das Tragwerk wird in Platten, Balken, Stützen, Wände usw. unterteilt [2.5.2.1]. In der Regel wird der Gleichgewichtszustand am unverformten System nachgewiesen (Theorie I. Ordnung), z.B. Platten und Balken. Wenn jedoch die Stabauslenkungen zu einem wesentlichen Anstieg der Schnittgrößen führen - bei Hochbauten mehr als 10% -, muß der Gleichgewichtszustand am verformten System nachgewiesen werden (Theorie II. Ordnung), z.B. Stützen und Wände. Dann sind außerdem die Auswirkungen möglicher Imperfektionen zu berücksichtigen, z.B. Schiefstellung des Tragwerks oder einzelner Stützen [2.5.1.3]. Für die Berechnung schlanker Druckglieder stehen Bemessungshilfsmittel zur Verfügung, in die die o.g. Forderungen eingearbeitet sind. Einzelheiten folgen in Abschnitt 7.

Kriechen und Schwinden ist nur bei der Berechnung der Durchbiegungen zu berücksichtigen. Lediglich bei schlanken Stützen ist der Einfluß auch im Grenzzustand der Tragfähigkeit von Bedeutung.

### 4.2.2  Stützweite, mitwirkende Plattenbreite

Die Stützweite eines Bauteils ergibt sich nach Bild 4.3

$l_{eff}$  .... wirksame Stützweite

$l_n$  .... lichter Abstand zwischen den Auflageranschnitten

a)
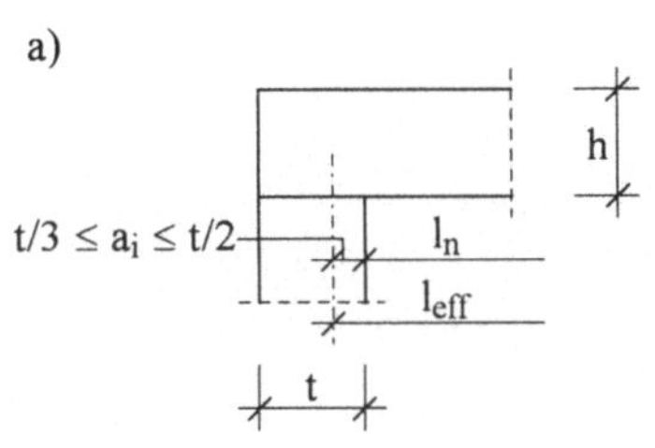

b)
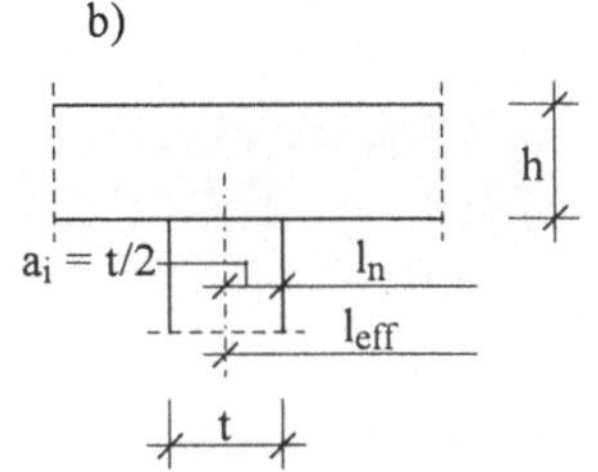

c)
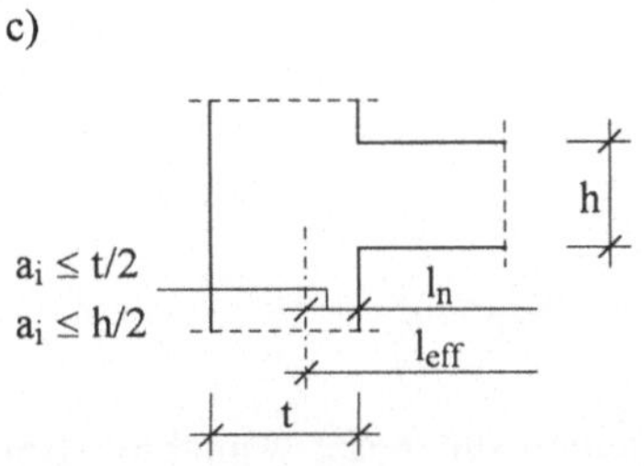

d)
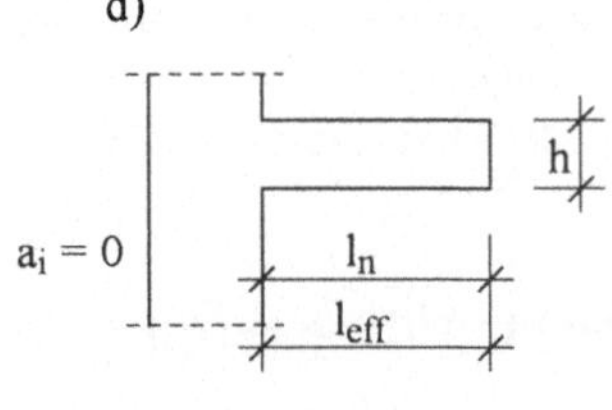

e)
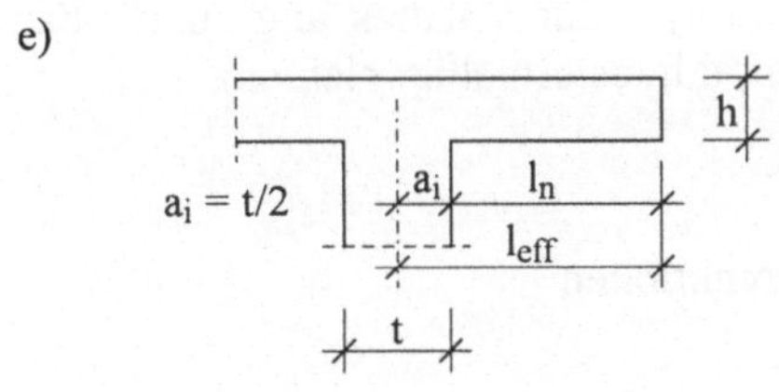

f)
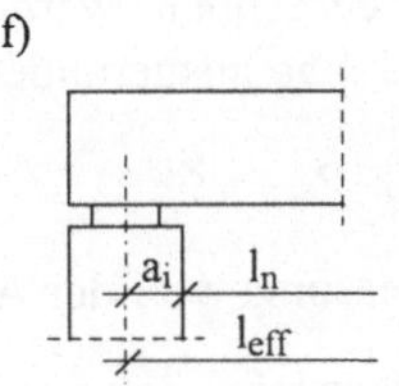

Bild 4.3   Wirksame Stützweite
   a) nicht durchlaufende Bauteile        b) durchlaufende Bauteile
   c) Auflager mit voller Einspannung     d) freie Kragträger
   d) Kragarm eines Durchlaufträgers      e) Anordnung eines Lagers

Die mitwirkende Plattenbreite darf für einen symmetrischen Plattenbalken zu

$$b_{eff} = b_w + l_o\,/\,5 \leq b \qquad\qquad (4.1a)$$

und bei einseitig angeordnetem Gurt zu

$$b_{eff} = b_w + l_o / 10 \le b_w + b_1 \tag{4.1b}$$

angenommen werden [2.5.2.2.1]. Darin ist

$l_o$ .... Abstand der Momentennullpunkte, s. Bild 4.4.

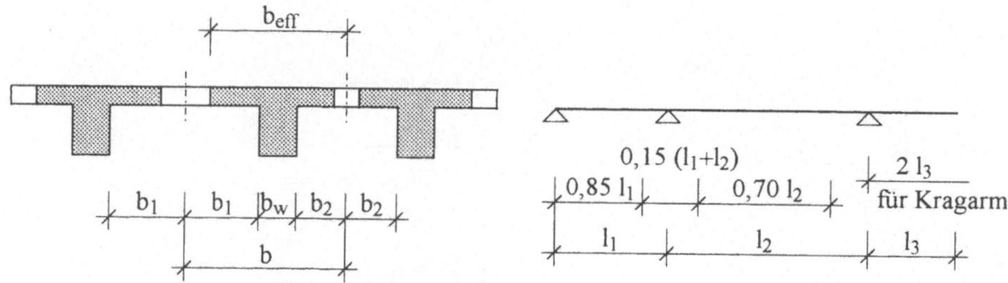

Bild 4.4   Berechnung der mitwirkenden Plattenbreite
         a)  Bezeichnungen
         b)  Abstand der Momentennullpunkte


## 4.2.3   Stützmoment, Auflagerkraft

Durchlaufende Platten und Balken dürfen im allgemeinen unter der Annahme frei drehbarer Lagerung berechnet werden [2.5.3.3]. Zur Bemessung darf das Stützmoment nach Bild 4.5a ausgerundet werden, d.h. es ermäßigt sich um

$$\Delta M_{Sd} = F_{Sd,sup} \cdot b_{sup} / 8 \tag{4.2}$$

$F_{Sd,sup}$ .... Bemessungswert der Auflagerreaktionen

$b_{sup}$  .... Auflagertiefe

Bei Platten und Balken, die monolithisch mit dem Auflager verbunden sind, darf zur Bemessung das Moment am Auflagerrand zugrunde gelegt werden, s. Bild 4.5b. Die Ermäßigung beträgt

$$\Delta M_{Sd} = \left|V_{Sd}\right|_{min} \cdot b_{sup} / 2 \tag{4.3}$$

$\left|V_{Sd}\right|_{min}$ .... kleinerer Betrag der Querkraft

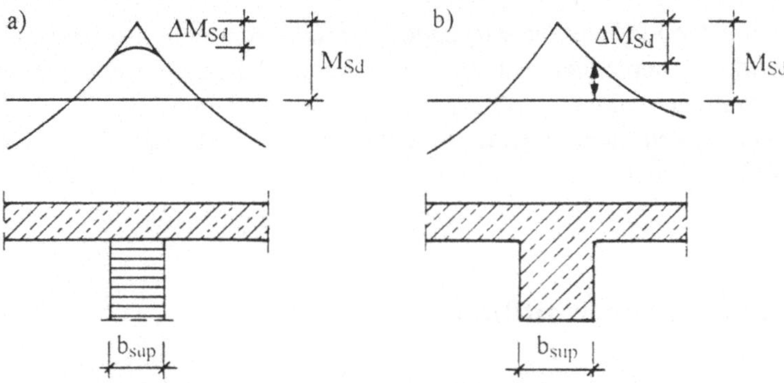

Bild 4.5   Bemessungswert des Stützmoments
a) frei drehbare Lagerung
b) monolithischer Anschluß

Zur Berücksichtigung einer teilweisen Einspannung in die Unterstützungen sind Mindestmomente einzuhalten. Bei Durchlaufträgern, die monolithisch mit der Unterstützung verbunden sind, beträgt das Mindestmoment am Rand der Unterstützung 65% des Volleinspannmoments [2.5.3.4.2(7)]. Anzusetzen ist die lichte Stützweite $l_n$, s. Bild 4.6.

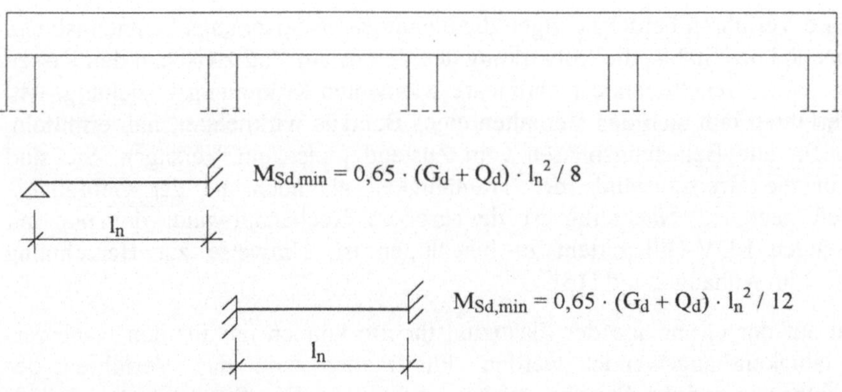

$$M_{Sd,min} = 0,65 \cdot (G_d + Q_d) \cdot l_n^2 / 8$$

$$M_{Sd,min} = 0,65 \cdot (G_d + Q_d) \cdot l_n^2 / 12$$

Bild 4.6  Mindestmomente

Die Mindestmomente können bei Systemen mit breiten Unterstützungen maßgebend werden, wenn zusätzlich zur Momentenumlagerung die Verminderung $\Delta M_{Sd}$ beträchtlich ist. Beispiel s. Abschnitt 4.4.1.

Die auf unterstützende Bauteile wirkenden Kräfte dürfen ohne Berücksichtigung der Durchlaufwirkung berechnet werden. Die Durchlaufwirkung sollte jedoch für das erste Innenauflager immer berücksichtigt werden und darüber hinaus für Innenauflager, deren angrenzende Stützweiten um mehr als 30% voneinander abweichen [2.5.3.3(6)].


## 4.3    Schnittgrößenermittlung


### 4.3.1    Allgemeines

Im Grenzzustand der Gebrauchstauglichkeit erfolgt die Schnittgrößenermittlung in der Regel auf der Grundlage der Elastizitätstheorie.

Im Grenzzustand der Tragfähigkeit darf die Schnittgrößenermittlung wahlweise

- linear-elastisch mit oder ohne Momentenumlagerung

- mit nichtlinearen Verfahren

- auf der Grundlage der Plastizitätstheorie

erfolgen.

Nichtlineare Verfahren berücksichtigen die nichtlinearen Spannungs-Dehnungslinien des Betons und des Stahls, die Mitwirkung des Betons auf Zug zwischen den Rissen sowie die daraus resultierende nichtlineare Momenten-Krümmungsbeziehung. Mit diesen Verfahren läßt sich das Verhalten eines Bauteils wirklichkeitsnah ermitteln, und zwar für alle Belastungsphasen vom Zustand I bis zum Versagen. Sie sind sowohl für die Grenzzustände der Tragfähigkeit als auch die der Gebrauchstauglichkeit geeignet. Nachteilig ist der größere Rechenaufwand, der nur mit entsprechenden EDV-Hilfsmitteln zu bewältigen ist. Hinweise zur Berechnung enthält EC 2 im Anhang 2 und [15].

Verfahren auf der Grundlage der Plastizitätstheorie können nur für den Nachweis der Tragfähigkeit angewendet werden. Für Platten sind das Verfahren der Bruchlinientheorie und das Streifenverfahren zu nennen. Das Streifenverfahren läßt dem Anwender relativ weiten Spielraum bei der Bewehrungsführung z.B. bei unregelmäßigem Grundriß. Ein ausführliches Beispiel enthält [15]. Das Verfahren der Plastizitätstheorie kommt auch bei Bauteilen zur Anwendung, für die ein Stabwerkmodell aus Druckstäben (Beton) und Zugstreben (Bewehrung) zugrunde gelegt wird, z.B. bei Konsolen, Scheiben und wandartigen Trägern.

Ganz anders ist die Berechnung nach Theorie II. Ordnung zu sehen, bei der das geometrisch nichtlineare Verhalten als Ergebnis der Verformung berücksichtigt wird, z.B. bei schlanken Druckgliedern.

### 4.3.2 Linear-elastische Berechnung

Linear elastische Berechnungsverfahren sind für die

- Grenzzustände der Gebrauchstauglichkeit
- Grenzzustände der Tragfähigkeit

geeignet.

Die Schnittgrößen werden in der Regel mit den Steifigkeiten des ungerissenen Querschnitts (Zustand I) ermittelt, erst bei der Bemessung wird der gerissene Querschnitt (Zustand II) zugrunde gelegt.

Zur Sicherstellung der Verformungsfähigkeit begrenzt EC 2 die Höhe der Betondruckzone. Das betrifft auch Bauteile, bei denen keine Momentenumlagerung vorgenommen wird [2.5.3.4.2(5)]. Anstelle der Begrenzung der Betondruckzone auf $x/d \leq 0{,}45$ - Betonfestigkeitsklassen bis C35/45 - können konstruktive Maßnahmen getroffen werden. Die Anwendungsrichtlinie [5] nennt als geeignete Maßnahme die Begrenzung des Bügelabstands auf die bei Stützen zulässigen Werte [5.4.1.2.2(3)]. In den meisten Fällen wird diese Bedingung im Zuge der Schubdeckung ohnehin erfüllt, andernfalls erfordert sie nur in einem begrenzten Bereich zusätzliche Bügel, s. Beispiel Abschnitt 5.1.4.

### 4.3.3 Linear-elastische Berechnung mit Momentenumlagerung

Die mit linear-elastischen Verfahren ermittelten Biegemomente dürfen für die Nachweise in den

- Grenzzuständen der Tragfähigkeit

umgelagert werden. Voraussetzung ist, daß die sich daraus ergebende Schnittgrößenverteilung - im wesentlichen Feld- und Stützmomente - mit den Lasten im Gleichgewicht steht. Nachzuweisen ist, daß ein ausreichendes

- Rotationsvermögen

vorhanden ist, um die Umlagerung zu ermöglichen.

Für Duchlaufträger mit einem Stützweitenverhältnis benachbarter Felder unter 2 darf auf den Nachweis des Rotationsvermögens in kritischen Abschnitten verzichtet werden, wenn die folgenden Bedingungen erfüllt sind:

$$\delta \geq 0{,}44 + 1{,}25\, x\,/\,d \qquad\qquad \text{für} \leq C35/45 \qquad\qquad (4.4a)$$

$$\delta \geq 0{,}56 + 1{,}25\, x\,/\,d \qquad\qquad \text{für} > C35/45 \qquad\qquad (4.4b)$$

und   $\delta \geq 0{,}7$      für hochduktilen Stahl

     $\delta \geq 0{,}85$      für normalduktilen Stahl

     $\delta$ .... Verhältnis des umgelagerten Moments zum Ausgangsmoment vor der Umlagerung

     $x$ .... Höhe der Druckzone nach der Umlagerung

     $d$ .... Nutzhöhe

Damit ist bei Platten, die mit Betonstahlmatten BSt500M (normalduktil) bewehrt sind, die Umlagerung auf 15% begrenzt ($\delta = 0{,}85$). Bei Balken, die mit Stabstahl BSt500S (hochduktil) bewehrt sind, darf die Umlagerung bis zu 30% betragen ($\delta \geq 0{,}7$).

Allerdings kann bei Plattenbalken mit schmalem Steg die Begrenzung der Druckzone $x/d$ häufig auf eine wesentlich geringere Umlagerung hinauslaufen. Dann kann es sinnvoll sein, mit Hilfe einer Druckbewehrung den Wert $x/d$ zu beeinflussen, s. Beispiel Abschnitt 5.1.4.

Die Momentenumlagerung kann wesentlich freizügiger gewählt werden, wenn anschließend das Rotationsvermögen nachgewiesen wird. Allgemeine Hinweise gibt EC 2 im Anhang 2; ein Beispiel ist in [15] enthalten.


## 4.4   Beispiele


Die Deckenkonstruktion des in Abschnitt 1.5 vorgestellten Gebäudes besteht in Querrichtung aus Plattenbalken im Abstand von 2,50 m und in Längsrichtung aus Plattenbalken in den Achsen 5, 7 und 8. Als Hauptträger wird der Fünffeldträger in Achse 7 bezeichnet - Pos 2 - , die Zweifeldträger in Querrichtung werden im folgenden Querträger genannt - Pos 1 -.

### 4.4.1  Zweifeldträger ohne Momentenumlagerung

Die Plattenbalken in Querrichtung sind unterschiedlich belastet:

Pos 1.1     Decke Erdgeschoß bis 2. Obergeschoß: gleichmäßig verteilte Last

Pos 1.2     Decke 3. Obergeschoß: gleichmäßig verteilte Last, zusätzlich
            Einzellast aus Dachkonstruktion: Eigenlast, Wind-, Schneelast.

**Lasten**

Auf jeden Plattenbalken - Abstand 2,50 m - entfällt:

- ständige Last Decke (einschließlich Ausbaulast 1,2 kN/m²)     $G_k = 13,4$ kN/m²

- Nutzlast Decke (5 kN/m²)                                      $Q_k = 12,5$ kN/m²

Zusätzliche Lasten für Pos 1.2

- ständige Last Dachkonstruktion                               $G_k = 34$ kN

- Windlast nach DIN 1055 Teil 4                                 $W_k = \ \ 8$ kN

- Schneelast nach DIN 1055 Teil 5                               $S_k = 26$ kN

Die Dachkonstruktion ist in Bild 4.7 dargestellt, der Pfostenabstand beträgt 5,00 m.

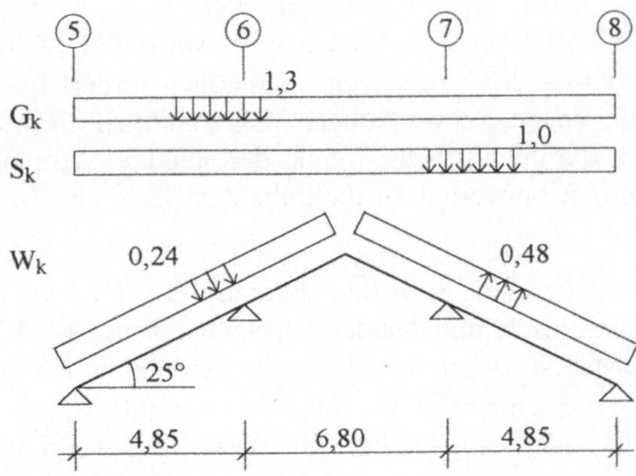


Bild 4.7  Dachlasten

**Systeme**

Der Zweifeldträger der Erdgeschoßdecke, Pos 1.1, wird für unterschiedliche Endauflager berechnet, s. Bild 4.8:

- frei drehbar gelagert: System 1

- Einspannung in Randstützen: System 2

Für den Plattenbalken im 3. Obergeschoß, Pos 1.2, wird nur System 1 - frei drehbare Lagerung - zugrunde gelegt.

Mit Hilfe der Angaben in [19] können die Steifigkeiten für eine Rahmenrechnung, System 2, ermittelt werden.

**Pos 1.1, System 1:** frei drehbare Endauflager

Entsprechend der Regelung für Durchlaufträger ohne Auskragungen [2.5.1.2] wird die ständige Last in beiden Feldern mit $\gamma_G = 1{,}35$ angesetzt, die veränderliche Last wird mit $\gamma_Q = 1{,}50$ feldweise ungünstigst angeordnet.

Für die Bemessungslasten

$$G_d = 1{,}35 \cdot 13{,}4 = 18{,}1 \ \text{kN/m}$$

$$Q_d = 1{,}50 \cdot 12{,}5 = 18{,}8 \ \text{kN/m}$$

sind die Schnittgrößen $M_{Sd}$ und $V_{Sd}$ in Bild 4.8c angegeben.

Aufgrund der sehr unterschiedlichen Spannweiten ergeben sich in Achse 8 abhebende Auflagerkräfte. Damit stellt sich die Frage, ob es vertretbar ist, für die ständige Last in beiden Feldern $\gamma_G = 1{,}35$ zu setzen. Schließlich fordert EC 2 bei Systemen, die in hohem Maße gegen Schwankungen der ständigen Einwirkung anfällig sind, die günstigen und die ungünstigen Anteile der ständigen Einwirkung mit unterschiedlichen Teilsicherheitsbeiwerten zu multiplizieren [2.3.2.3 P(3)] und [2.3.3.1(3)].

In diesem Beispiel wird davon abgesehen, weil der Unterzug Pos 1.1, der Randunterzug und die Stützen monolithisch miteinander verbunden sind, so daß die Lagesicherheit immer gewährleistet ist. Allein die Mindestbewehrung in den Stützen - 4∅12 bzw. $A_s \geq 0{,}003 \cdot A_c$ , s. Abschnitt 9.3.2, - kann 196 kN aufnehmen. Nach Ansicht des Verfassers ist es nicht notwendig, für diese und vergleichbare Ortbetonkonstruktionen vom normalen Schema abzuweichen.

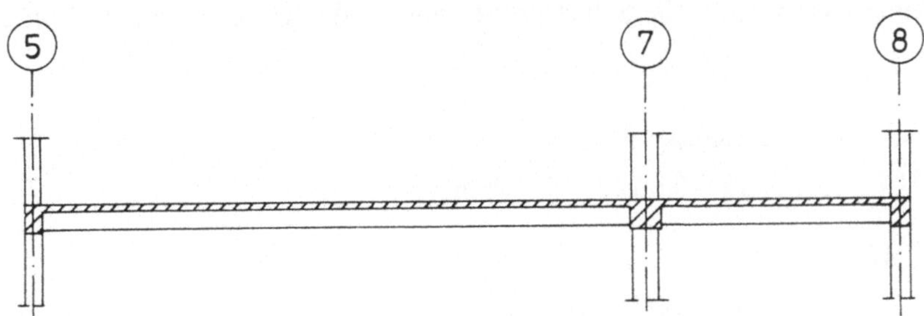


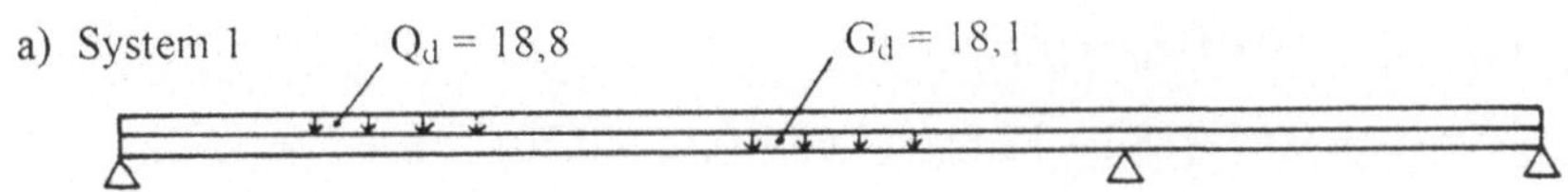


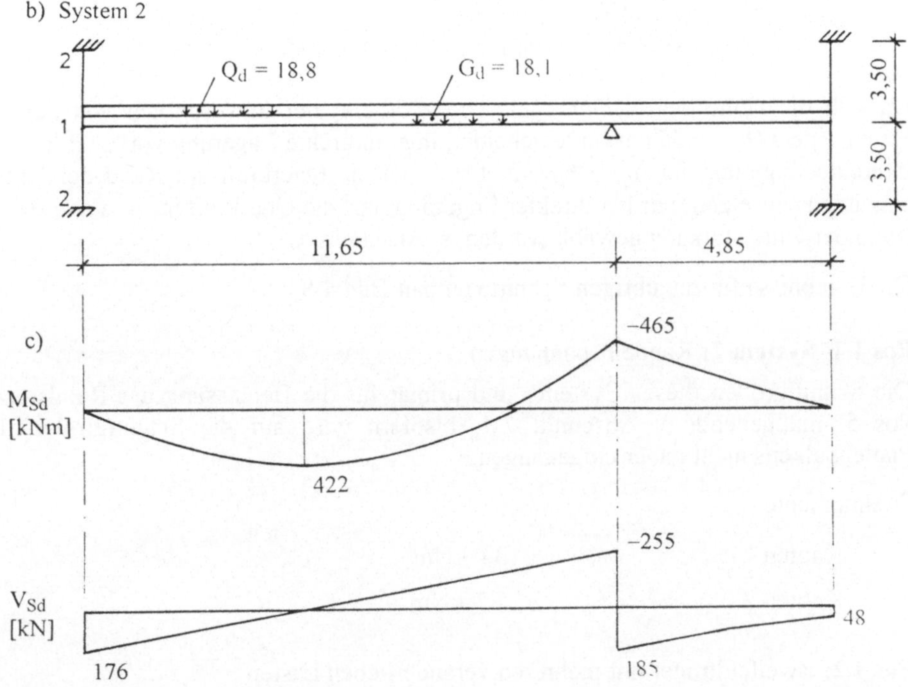


Bild 4.8: Pos 1.1: Querträger
    a) System 1
    b) System 2
    c) System 1: Schnittgrößen

Zur Bemessung werden die Schnittgrößen am Rande der Unterstützung angesetzt.

Achse 7

$$\Delta M_{Sd} = |V_{Sd}|_{min} \cdot b_{sup} / 2$$

$$= 185 \cdot 0{,}60 / 2 = 55 \ \text{kNm}$$

$$|M_{Sd,red}| = |M_{Sd}| - \Delta M_{Sd}$$

$$= 465 - 55 = 410 \ \text{kNm}$$

$$|M_{Sd,min}| = 0{,}65 \cdot (G_d + Q_d) \cdot l_n^{\ 2} / 8$$

$$= 0{,}65 \cdot (18{,}1 + 18{,}8) \cdot (11{,}65 - 0{,}15 - 0{,}30)^2 / 8 = 376 \ \text{kNm}$$

Das Mindeststützmoment ist nicht maßgebend.

$$|V_{Sd,red}| = |V_{Sd}| - (G_d + Q_d) \cdot b_{sup} / 2$$

$$= 255 - (18{,}1 + 18{,}8) \cdot 0{,}60 / 2 = 244 \ \text{kN}$$

Da sich die Höhe des Nebenträgers ($h_{NT} = 50$ cm) nur unwesentlich von der des Hauptträgers ($h_{HT} = 55$ cm) unterscheidet, liegt indirekte Lagerung vor, s. Bild 9.3b: indirekte Lagerung für $h_{NT} > h_{HT} / 2$. Damit ist die Querkraft am Rand der Unterstützung anzusetzen; nur bei direkter Lagerung darf die Querkraft im Abstand $d$ vom Rand der Unterstützung gewählt werden, s. Abschnitt 5.2.2.

Die Ergebnisse für die übrigen Schnitte enthält Bild 4.8 c.

**Pos 1.1, System 2:** Randeinspannungen

Die Schnittgrößen dieses Systems sind primär für die Bemessung der Randstütze, Pos 5, maßgebend, s. Abschnitt 7.4. Insofern wird auf die Schnittgrößen des Plattenbalkens nicht näher eingegangen.

Stielmomente

Knoten 1          $M_{Sd} = \pm 134$ kNm

Knoten 2          $M_{Sd} = \pm \ \ 67$ kNm

**Pos 1.2:** Zweifeldträger mit mehreren veränderlichen Lasten

Aus der Dachkonstruktion werden in den Achsen 5 - 8 Kräfte übertragen. Nur die Kräfte in Achse 6 beanspruchen den Plattenbalken Pos 1.2 auf Biegung, s. Bild 4.9. Zur besseren Übersicht sind nur die Lasten in Achse 6 in Bild 4.9 dargestellt.

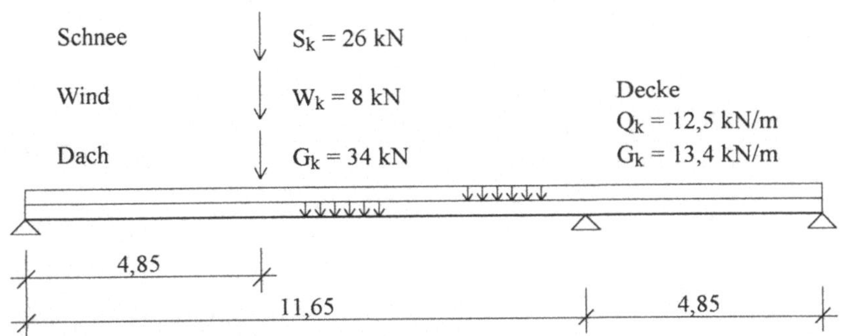


Bild 4.9  Pos 1.2: Lasten

Die veränderlichen Lasten $Q_k$, $W_k$, $S_k$ sind voneinander unabhängig. Damit ist nur eine veränderliche Last - Leitvariable - in voller Größe zu berücksichtigen, die anderen dürfen mit dem Kombinationsbeiwert $\psi_0$ abgemindert werden, s. Abschnitt 2.4.3. Das ergibt die Grundkombination mit

$$\psi_0 = 0{,}6 \qquad \text{Windlast}$$

$$\psi_0 = 0{,}7 \qquad \text{Schneelast.}$$

Vereinfachend darf die Summe aller veränderlichen Lasten mit $0{,}9 \cdot \gamma_Q$ angesetzt werden; gleichzeitig ist zu prüfen, ob nicht allein die ungünstigste Einwirkung mit $\gamma_Q$ maßgebend wird.

In Tabelle 4.1 sind die o.g. Kombinationen zusammengestellt.

Wenn die Größe der Einwirkungen sehr unterschiedlich ist, kann die ungünstigste Kombination leicht erkannt werden. Entscheidend ist entweder

Nr 1.1          Grundkombination oder

Nr 2.4          vereinfachte Kombination.

Es ist freigestellt, ob die Kombination Nr 1.1 oder Nr 2.4 der Schnittgrößenermittlung zugrunde gelegt wird. Für die o.g. Kombinationen sind die Schnittgrößen in Bild 4.10 gegenübergestellt. Kombination Nr 2.4 liefert das größte Feldmoment, während für alle anderen Schnittgrößen Kombination 1.1 ungünstiger ist. Die Unterschiede sind jedoch sehr gering.

Tabelle 4.1: Zusammenstellung der Kombinationen - veränderliche Einwirkungen

| Nr. | Grundkombination | |
|---|---|---|
| | Leitvariable | übrige Einwirkungen |
| 1.1 | $\gamma_Q \cdot Q_k = 1,5 \cdot 12,5$ <br> $= 18,8 \text{ kN/m}$ | $\gamma_Q \cdot \psi_0 \cdot W_k + \gamma_Q \cdot \psi_0 \cdot S_k$ <br> $= 1,5 \cdot 0,6 \cdot 8 + 1,5 \cdot 0,7 \cdot 26 = 34,5 \text{ kN}$ |
| 1.2 | $\gamma_Q \cdot W_k = 1,5 \cdot 8$ <br> $= 12,0 \text{ kN}$ | $\gamma_Q \cdot \psi_0 \cdot Q_k + \gamma_Q \cdot \psi_0 \cdot S_k$ <br> $= 1,5 \cdot 0,7 \cdot 12,5 = 13,1 \text{ kN/m}$ <br> $+ 1,5 \cdot 0,7 \cdot 26 = 27,3 \text{ kN}$ |
| 1.3 | $\gamma_Q \cdot S_k = 1,5 \cdot 26$ <br> $= 39,0 \text{ kN}$ | $\gamma_Q \cdot \psi_0 \cdot Q_k + \gamma_Q \cdot \psi_0 \cdot W_k$ <br> $= 1,5 \cdot 0,7 \cdot 12,5 = 13,1 \text{ kN/m}$ <br> $+ 1,5 \cdot 0,6 \cdot 8 = 7,2 \text{ kN}$ |
| | vereinfachte Kombination | |
| 2.1 | $\gamma_Q \cdot Q_k = 1,5 \cdot 12,5 = 18,8 \text{ kN/m}$ | |
| 2.2 | $\gamma_Q \cdot W_k = 1,5 \cdot 8 \quad = 12,0 \text{ kN}$ | |
| 2.3 | $\gamma_Q \cdot S_k = 1,5 \cdot 26 \quad = 39,0 \text{ kN}$ | |
| 2.4 | $1,35 \cdot (Q_k + W_k + S_k) = 1,35 \cdot 12,5 + 1,35 \cdot (8 + 26) = 16,9 \text{ kN/m} + 45,9 \text{ kN}$ | |

In anderen Fällen mag die Auswahl nicht so einfach sein. Dann ist es erforderlich, mehrere Lastkombinationen für das entsprechende Bauteil zu untersuchen.

Aufwendig kann es bei der Fortleitung der Lasten werden. Selbst beim dargestellten Gebäude erhöht sich die Zahl der Lastkombinationen für die Plattenbalken und die Stützen in den Achsen 5, 7 und 8 beträchtlich, wenn die übrigen Kräfte aus der Dachkonstruktion hinzukommen. Zweckmäßigerweise sollte man vorab entscheiden, welche Einwirkung als Leitvariable anzusehen ist. Dann vereinfacht sich die Grundkombination nach Gl. (2.4a); im Beispiel ist von vornherein erkennbar, daß Kombination Nr 1.1 maßgebend ist. In Zweifelsfällen ist es sinnvoller, eine auf der sicheren Seite liegende Vereinfachung zu wählen, z.B. $\psi_0 = 1$, als durch zu viele Kombinationen den Überblick zu verlieren.

Bemessung des Zweifeldträgers Pos 1.1 s. Abschnitt 5.1.3.

Kombination 1.1  *(Kombination 2.4)*

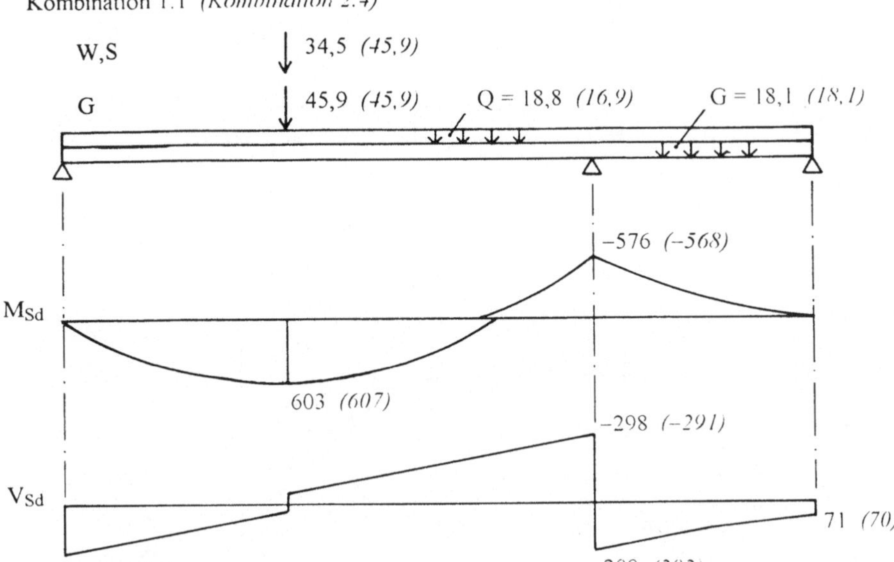


Bild 4.10   Pos 1.2: Schnittgrößen

## 4.4.2 Fünffeldträger mit Momentenumlagerung

Berechnet wird der Hauptträger der Erdgeschoßdecke in Achse 7, Pos 2, und zwar vereinfachend ohne Berücksichtigung des anschließenden Gebäudeteils als Fünffeldträger. Der Balken wird im wesentlichen durch Einzellasten aus den Querträgern Pos 1.1 belastet.

Es liegt nur eine veränderliche Last vor - Nutzlast Büroräume $Q_k = 5$ kN/m² -, so daß durchgehend der Teilsicherheitsbeiwert $\gamma_Q = 1{,}50$ anzusetzen ist.

Lasten

$\quad G_d = 8{,}8$ kN/m     Steg

$\quad G_d = 216$ kN       s. Pos 1.1

$\quad Q_d = 224$ kN       s. Pos 1.1

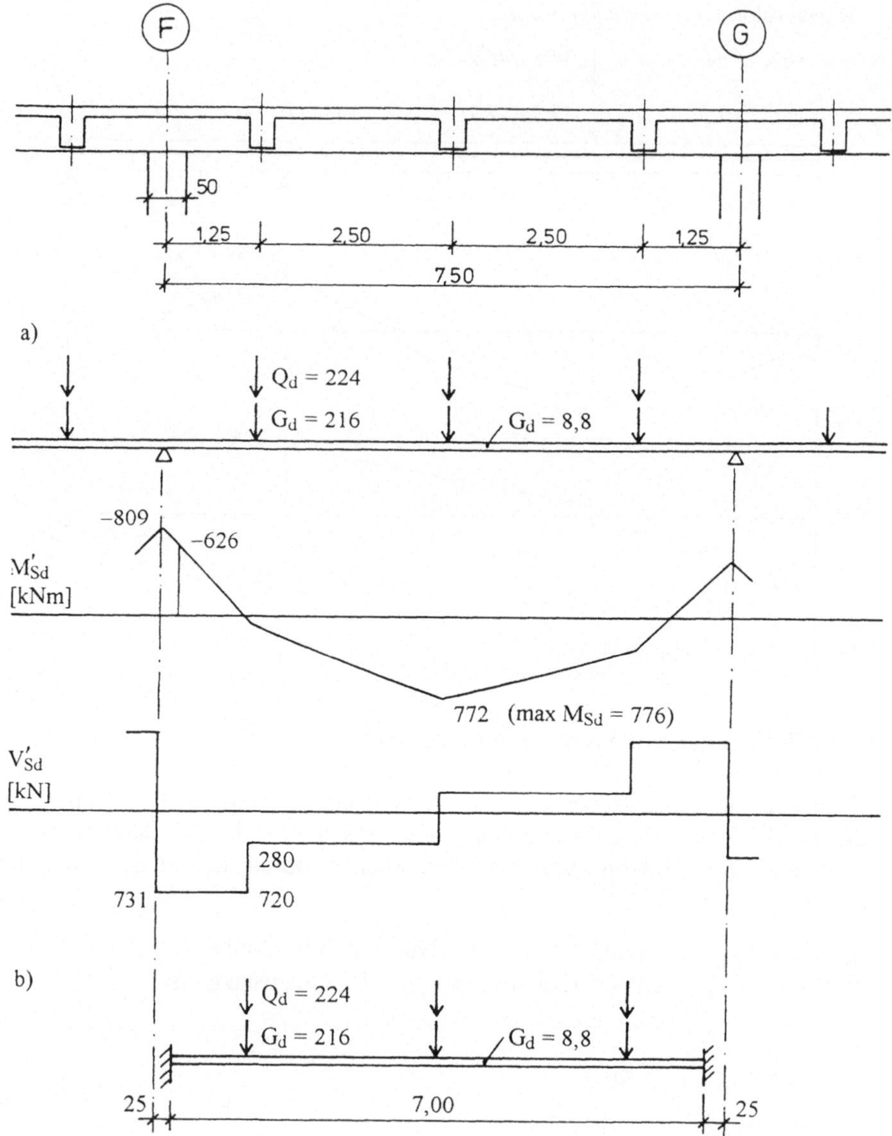



Bild 4.11   Pos 2, Feld F-G
            a) System und Schnittgrößen
               Momentenumlagerung 20 %
            b) System für Mindestmomente

Der Schnittgrößenermittlung liegt eine

    Momentenumlagerung von 20%:   $\delta = 0,80$

zugrunde, die im Zuge der Bemessung, s. Abschnitt 5.1.4, zu überprüfen ist. Eine größere Momentenumlagerung hätte eine Erhöhung des Feldmoments bewirkt, damit das Gleichgewicht erfüllt ist. In diesem Beispiel bleibt das zugehörige Feldmoment $M'_{Sd} = 772$ kNm knapp unter dem maximalen Feldmoment $max\,M_{Sd} = 776$ kNm. Schnittgrößen nach Momentenumlagerung sind mit dem Kopfzeiger ′ gekennzeichnet.

Den Feld- und Stützmomenten liegt die jeweils ungünstigste Lastanordnung nach Bild 4.1 zugrunde. Dem Wortlaut EC 2, Abschnitt 2.5.1.2(4), zufolge gelten diese Lastfälle nur für Durchlaufträger mit gleichmäßig verteilten Lasten. Der Hauptträger in Achse 7 ist jedoch überwiegend durch Einzellasten beansprucht, die sich konstruktionsbedingt aus den Querträgern ergeben. Nach Ansicht des Verfassers kann das o.g. Lastschema dennoch angewendet werden, weil letztlich die Geschoßdecke - Platte, Querträger, Hauptträger - überwiegend durch gleichmäßig verteilte Lasten beansprucht wird.

Biegemomente Achse F

$$\left| M'_{Sd,red} \right| = \left| M'_{Sd} \right| - \left| V'_{Sd} \right| \cdot b_{sup} / 2$$
$$= 809 - 731 \cdot 0,5 / 2 = 626 \text{ kNm}$$

$$\left| M_{Sd,min} \right| = 0,65 \cdot \left[ \frac{0,8 \cdot 7,00^2}{12} + \frac{440 \cdot 1,00}{7,00} \cdot (7,00 - 1,00) + \frac{440 \cdot 7,00}{8} \right]$$
$$= 519 \text{ kNm}$$

Berechnung der maßgebenden Querkraft s. Abschnitt 5.2.7.
Biegebemessung s. Abschnitt 5.1.4.

# 5 Nachweise der Tragfähigkeit

## 5.1 Biegung mit / ohne Längskraft

### 5.1.1 Spannungsdehnungslinien

Zur Querschnittsbemessung werden die idealisierten Spannungsdehnungslinien des Betons und des Betonstahls zugrunde gelegt. Für den Beton wird in der Regel das Parabel-Rechteck-Diagramm nach Bild 5.1 gewählt. Zulässig ist auch eine bilineare Spannungsdehnungslinie oder ein rechteckiger Spannungsblock, s. EC 2, Bild 4.3 und 4.4.

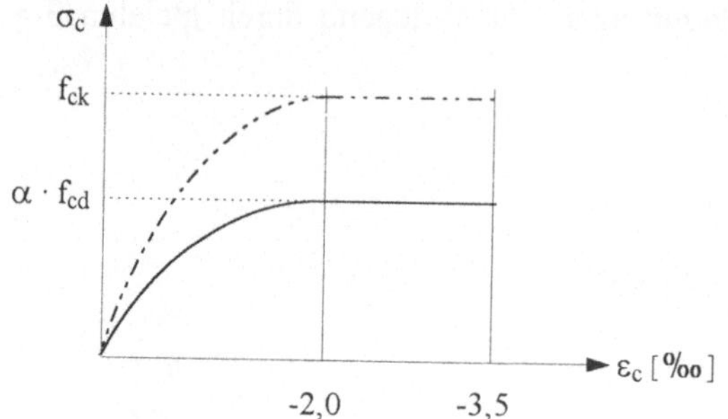


Bild 5.1
Parabel-Rechteck-Diagramm für Beton

Der Bemessungswert der Betondruckspannung

$$f_{cd} = f_{ck} / \gamma_c$$

ergibt sich nach Division durch den Teilsicherheitsbeiwert

$$\gamma_c = 1{,}5 \qquad \text{(Grundkombination)}$$

Zusätzlich ist ein Abminderungsbeiwert

$$\alpha = 0{,}85$$

anzusetzen, der die Langzeitwirkungen auf die Druckfestigkeit erfaßt.

Bemerkenswert ist, daß für die Bemessung alle Festigkeitsklassen mit dem gleichen Faktor $\alpha / \gamma_c$ multipliziert werden. Im Gegensatz zur DIN 1045 gibt es für die hohen Festigkeitsklassen keine weiteren Abschläge. Damit ist ein Beton C50/60 wesentlich leistungsfähiger als ein B55 nach DIN 1045.

Für den Betonstahl wird eine bilineare Spannungsdehnungslinie nach Bild 5.2 angesetzt. Es darf der Spannungsanstieg oberhalb der Streckgrenze berücksichtigt werden, jedoch ist dann die Stahldehnung auf 10‰ zu begrenzen [4.2.2.3.2(5)]. In der Regel liegt den Bemessungshilfsmitteln die bilineare Spannungsdehnungslinie mit horizontalem Ast zugrunde, s. Bild 5.2. Die Beschränkung der Stahldehnung auf 20‰ entspricht der Anwendungsrichtlinie [5].

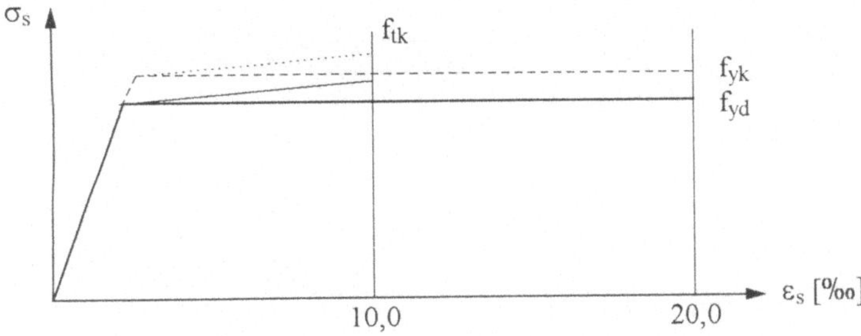


Bild 5.2   Rechnerische Spannungsdehnungslinie des Betonstahls

Der Bemessungswert der Stahlspannung

$$f_{yd} = f_{yk} / \gamma_s$$

ergibt sich nach Division durch den Teilsicherheitsbeiwert

$$\gamma_s = 1{,}15 \qquad \text{(Grundkombination)}$$

## 5.1.2  Bemessungshilfsmittel

Die Biegebewehrung folgt wie üblich aus Bemessungstabellen, mit denen zugleich die Aufnahme der Biegedruckkraft nachgewiesen wird. Heft 425 DAfStb [15] sowie [20] und [24] enthalten unterschiedliche Bemessungshilfsmittel für Biegung mit / ohne Längskraft, von denen einige im Anhang wiedergegeben sind:

ohne Druckbewehrung          Tafel A1
mit Druckbewehrung           Tafel A2a - A2d
symmetrische Bewehrung       Tafel A3a - A3b
Kreisquerschnitt             Tafel A4
Schiefe Biegung              Tafel A5

Wenn die Biegung dominiert, erfolgt der Einstieg mit dem bezogenen Moment $\mu_{Sds}$. Abgelesen werden $\omega$ zur Berechnung der Bewehrung und bei Bedarf weitere Werte, die die innere Beanspruchung des Querschnitts beschreiben, s. Bild 5.3.

Bei Querschnitten, die gleichermaßen durch Biegung und Längskraft beansprucht werden, sind Diagramme erforderlich, die die Bewehrung in Abhängigkeit vom bezogenen Moment und von der bezogenen Normalkraft angeben. Sie werden bei der Bemessung von Stützen verwendet, für die die Auswirkungen nach Theorie II. Ordnung nicht berücksichtigt werden müssen.

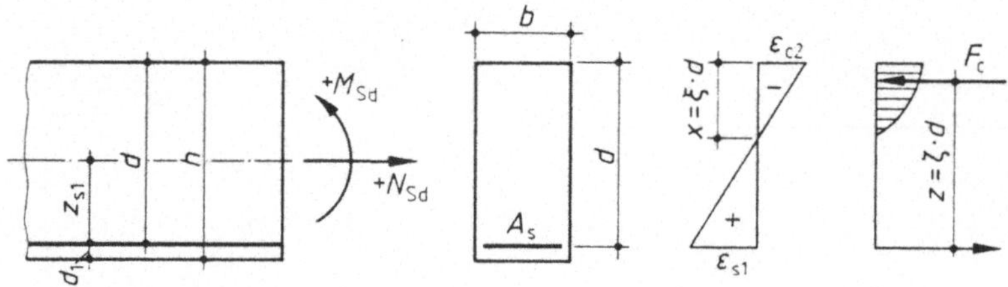

Bild 5.3  Rechteckquerschnitt ohne Druckbewehrung

Bei reiner Biegung ist $M_{Sd}$ maßgebend, bei Biegung mit Längskraft ist von

$$M_{Sds} = M_{Sd} - N_{Sd} \cdot z_{s1} \tag{5.1}$$

auszugehen. $N_{Sd}$ ist als Druckkraft negativ einzusetzen.

$$\mu_{Sds} = \frac{M_{Sds}}{b \cdot d^2 \cdot f_{cd}} \tag{5.2}$$

$$A_s = \frac{1}{f_{yd}}\left(\omega \cdot b \cdot d \cdot f_{cd} + N_{Sd}\right) \tag{5.3a}$$

Gleichung (5.3a) vereinfacht sich bei reiner Biegung:

$$A_s = \omega \cdot b \cdot d \cdot \frac{f_{cd}}{f_{yd}} \tag{5.3b}$$

Der Beiwert $\alpha = 0{,}85$ ist in die Bemessungshilfen eingebaut.
Alternativ werden Bemessungstabellen angeboten, die in gleicher Weise wie die bekannten $k_h$-Tabellen aufgebaut sind [16].

Aus Tafel A1, s. Anhang, ist zu ersehen, daß mit $\mu_{Sds} = 0{,}31$ die Grenze erreicht ist, bei der die Stahlspannung gerade noch den Wert $\sigma_{sd} = f_{yd} = 435$ N/mm² erreicht. Danach ist Druckbewehrung erforderlich, s. Tafel A2a bis A2d.

Wenn eine Momentenumlagerung vorgenommen wird und der Nachweis der Rotationsfähigkeit vereinfacht über eine Beschränkung von $x / d$ erfolgt, kann bereits bei kleinerer Beanspruchung Druckbewehrung erforderlich werden. Abschnitt 5.1.4 zeigt am Beispiel eines hochbeanspruchten Querschnitts, wie mit Hilfe der Druckbewehrung eine ausgeprägte Momentenumlagerung möglich wird.

Heft 425 DAfStb [15] gibt auch Bemessungstabellen für Plattenbalkenquerschnitte an. In den meisten Fällen wird jedoch die Spannungsnullinie in der Platte liegen, $x < h_f$, so daß wiederum die Tabellen für Rechteckquerschnitte angewendet werden können, wenn $b = b_f$ gesetzt wird.


### 5.1.3  Beispiel Plattenbalken ohne Momemtenumlagerung

Der Zweifeldträger Pos 1.1 wird auf Biegung bemessen.

Baustoffe

| | | |
|---|---|---|
| Beton | C30/37 | $f_{cd} = f_{ck} / \gamma_c\ = 30/1{,}5\ \ = 20$ N/mm² |
| Betonstahl | S500 | $f_{yd} = f_{yk} / \gamma_s\ = 500/1{,}15 = 435$ N/mm² |

Geometrie

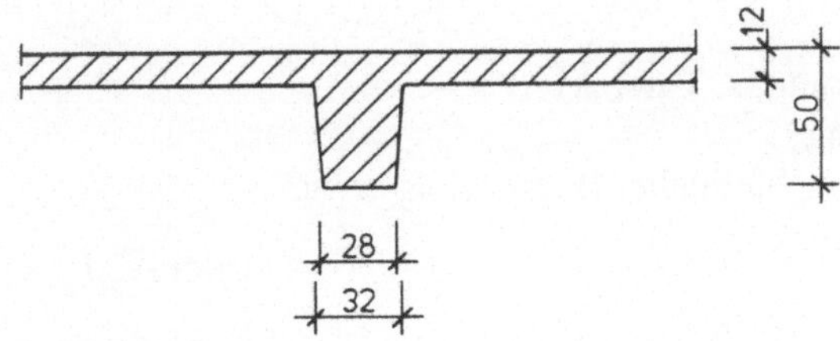


Bild 5.4   Pos 1.1: Querschnitt

Betondeckung
Umweltklasse 1 (trockene Umgebung, s. Tabelle 3.5)

$min\ c = 15$ mm $\geq \varnothing$                                       s. Tabelle 3.7

$nom\ c = min\ c + \Delta h$                                       $\Delta h = 10$ mm

Ausgehend von $\varnothing 28$ als untere Bewehrung und Bügeln $\varnothing 8$ ergibt sich

*nom* $c = 30$ mm.

Für den Brandschutz ist gemäß Anwendungsrichtlinie auf DIN 4102 zurückzugreifen. Die o.g. Betondeckung erfüllt die Feuerwiderstandsdauer F90.

Nutzhöhe

$$d = 50 - 3{,}0 - 0{,}8 - 2{,}8 / 2 \approx 45 \text{ cm}$$

Vereinfachend wird dieser Wert für die untere und die obere Bewehrung angenommen. Damit gilt für die Druckbewehrung:

$$d_1 / d = d_2 / d = 5 / 45 \approx 0{,}1$$

Mitwirkende Plattenbreite

$$b_{eff} = b_w + l_o / 5 \qquad\qquad\qquad \text{s. Gl. (4.1a)}$$

$$l_o = 0{,}85 \cdot l_{eff} \qquad\qquad\qquad \text{s. Bild 4.4}$$

$$b_{eff} = 0{,}32 + 0{,}85 \cdot 11{,}65 / 5 = 2{,}30\,\text{m} \qquad\qquad \leq 2{,}50\,\text{m Balkenabstand}$$

Schnittgrößen
s. Abschnitt 4.4.1, System 1

Bemessung

Bemessungstafeln s. Anhang
Feldmoment:    keine Druckbewehrung, s. Tafel A1
Stützmoment:  mit Druckbewehrung
                wahlweise mit unterschiedlicher Begrenzung $x / d$

$$\xi = x / d = 0{,}617 \qquad\qquad\qquad \text{s. Tafel A2d}$$

$$\xi = x / d = 0{,}45 \qquad\qquad\qquad \text{s. Tafel A2c}$$

Einzelschritte Bemessung Feldmoment

$$\mu_{Sd} = \frac{M_{Sd}}{b \cdot d^2 \cdot f_{cd}} = \frac{0{,}422}{2{,}30 \cdot 0{,}45^2 \cdot 20} = 0{,}0453$$

$$A_s = \omega \cdot b \cdot d \frac{f_{cd}}{f_{yd}} = 0{,}0468 \cdot 230 \cdot 45 \cdot \frac{20}{435} = 22{,}3 \text{ cm}^2$$

$$x = \xi \cdot d = 0,085 \cdot 45 = 3,9 \text{ cm} < h_f = 12 \text{ cm}$$

Die Nullinie liegt in der Platte, d.h. die Annahme einer rechteckigen Betondruckzone ist zutreffend.

Tabelle 5.1  Pos 1.1: Biegebemessung

| | $M_{Sd}$ | $d$ | $b$ | $\mu_{Sd}$ | $\omega_1$ | $\omega_2$ | $\xi$ | $A_{s1}$ | $A_{s2}$ |
|---|---|---|---|---|---|---|---|---|---|
| | kNm | m | m | - | - | - | - | cm² | cm² |
| Feldmom. | 422 | 0,45 | 2,30 | 0,0453 | 0,0468 | - | 0,085 | 22,3 | - |
| Stützmom. | 410 | 0,45 | 0,28 | 0,362 | 0,476 | 0,051 | 0,617[*] | 27,6 | 3,0 |
| Stützmom. | 410 | 0,45 | 0,28 | 0,362 | 0,432 | 0,122 | 0,45[**] | 25,0 | 7,1 |

[*] Tafel A2d            [**] Tafel A2c

Einzelschritte Bemessung Stützmoment

Für $\mu = 0,362$ liefert Tafel A1 keine sinnvolle Bewehrung, es ist Druckbewehrung erforderlich. Die Aufteilung der Druckkraft auf den Beton und die Bewehrung läßt sich über die Höhe der Betondruckzone $\xi = x / d$ steuern. $\xi = 0,617$ ist der Grenzwert, bei dem der Stahl in der Zugzone gerade noch mit $\sigma_s = f_{yd}$ ausgenutzt wird, s. Tafel A1. Zweckmäßiger ist es, die Betondruckzone weiter zu reduzieren, z. B. auf $\xi = 0,45$, s. Tafel A2c. Damit wird mehr Druck der unteren Bewehrung zugewiesen, die konstruktiv ohnehin vorhanden ist - 1/4 der Feldbewehrung, s. Abschnitt 9.1.1 -. Der günstigere Hebelarm der Druckbewehrung bewirkt eine Verringerung der Zugbewehrung.

$$\mu_{Sd} = \frac{0,410}{0,28 \cdot 0,45^2 \cdot 20} = 0,362$$

aus Tafel A2c              $\xi = 0,45$      $d_2 / d = 0,1$

$\omega_1 = 0,432$ $\hspace{6cm}$ $\omega_2 = 0,122$

$$A_{s1} = 0,432 \cdot 28 \cdot 45 \cdot \frac{20}{435} = 25,0 \text{ cm}^2 \hspace{3cm} A_{s2} = 7,1 \text{ cm}^2$$

Damit ist zugleich die Forderung EC 2, Abschnitt 2.5.3.4.3(5) erfüllt, für Bauteile ohne Momentenumlagerung $x / d \leq 0,45$ einzuhalten. Andernfalls sind geeignete konstruktive Maßnahmen erforderlich, z.B. die Druckbewehrung durch Bügel zu umschließen. Dabei sind die Abstände wie bei Stützen einzuhalten, was in vielen Fällen durch die Schubdeckung gegeben sein wird.

### 5.1.4  Beispiel Plattenbalken mit Momentenumlagerung

Wenn den Schnittgrößen eine Momentenumlagerung zugrunde liegt, ist entweder ein Nachweis des Rotationsvermögens zu führen oder Gl. (4.4)

$$\delta = 0{,}44 + 1{,}25 \cdot x / d$$

einzuhalten. Da der Steg eines Plattenbalkens durch die Stützmomente in der Regel hoch beansprucht ist, läßt sich die o.g. Gleichung häufig nur durch eine vorgegebene Begrenzung von $x / d$ erfüllen. Die damit erforderliche Druckbewehrung ist meistens als durchgeführte Feldbewehrung ohnehin vorhanden. Aus der o.g. Gleichung ergibt sich die zulässige Momentenumlagerung nach Tabelle 5.2 , zugleich ist die entsprechende Bemessungstafel im Anhang angegeben.

| $x / d$ | zul. $\delta$ | Tafel |
|---|---|---|
| 0,25 | 0,75 | A2a |
| 0,35 | 0,88 | A2b |
| 0,45 | 1,00 | A2c |

Tabelle 5.2   Zulässige Momentenumlagerung

Das Mittelfeld des Fünffeldträgers Pos 2 wird auf Biegung bemessen.

Geometrie

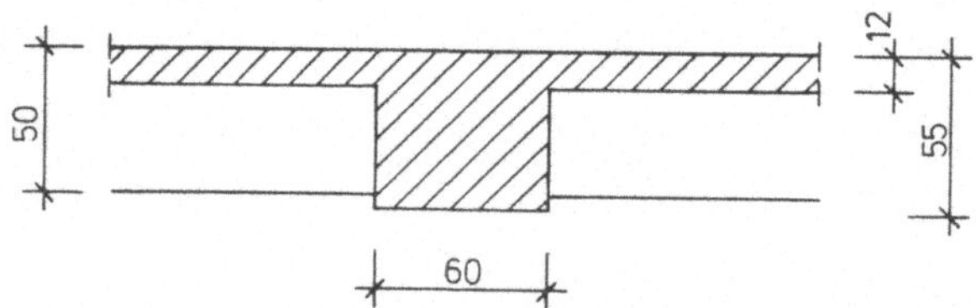

Bild 5.5   Pos 2: Querschnitt

Nutzhöhe

untere Bewehrung         $d = 50$ cm
obere Bewehrung          $d = 48$ cm          $d_2 = 5$ cm          $d_2 / d \approx 0{,}1$
(Bewehrung Nebenträger liegt über Bewehrung Hauptträger)

Schnittgrößen
s. Abschnitt 4.4.2
Momentenumlagerung          $\delta = 0{,}80$

Bemessung

Mit der Begrenzung $x / d = 0,25$ gemäß Bemessungstafel A2a ist die vorab gewählte Momentenumlagerung zulässig.

$$zul\ \delta = 0,44 + 1,25 \cdot 0,25 = 0,75 < vorh\ \delta = 0,80$$

Die erforderliche Druckbewehrung für das Stützmoment ist nur unwesentlich größer als der Anteil der Feldbewehrung, der ohnehin über das Auflager zu führen ist. Der großzügigen Momentenumlagerung stehen also keine Nachteile gegenüber.

Tabelle 5.3   Pos 2: Biegebemessung

| | $M_{Sd}$ | $d$ | $b$ | $\mu_{Sd}$ | $\omega_1$ | $\omega_2$ | $\xi$ | $A_{s1}$ | $A_{s2}$ |
|---|---|---|---|---|---|---|---|---|---|
| | kNm | m | m | - | - | - | - | cm² | cm² |
| Feldmom. | 776 | 0,50 | 1,65 | 0,0941 | 0,1001 | - | 0,147 | 38,0 | - |
| Stützmom. | 626 | 0,48 | 0,60 | 0,226 | 0,252 | 0,083 | 0,25[*] | 33,4 | 11,0 |

[*] Tafel A2a

## 5.2 Querkraft

### 5.2.1 Nachweisverfahren

Die aufzunehmende Querkraft $V_{Sd}$ kann entweder allein vom Beton übertragen werden oder gemeinsam mit Schubbewehrung. Der Querschnitt der Schubbewehrung wird anhand von Fachwerkmodellen - Zug- und Druckstreben - festgelegt.

Die aufnehmbare Querkraft - Querkrafttragfähigkeit - wird mit folgenden Bemessungswerten beschrieben [4.3.2.2]:

$V_{Rd1}$ .... aufnehmbare Querkraft ohne Schubbewehrung:
Übertragung allein durch den Beton

$V_{Rd2}$ .... größte aufnehmbare Querkraft:
maßgebend ist die Tragfähigkeit der geneigten Druckstreben

$V_{Rd3}$ .... aufnehmbare Querkraft mit Schubbewehrung:
Übertragung durch den Beton und die Schubbewehrung

Der Bemessungswert $V_{Rd1}$ ist der entscheidende Wert für Platten, die in der Regel ohne Schubbewehrung ausgeführt werden. Der Maximalwert $V_{Rd2}$ darf einerseits nicht überschritten werden, andererseits ist er ein Kriterium für den zulässigen Bügelabstand. Die eigentliche Bemessung der Schubbewehrung erfolgt mit $V_{Rd3}$.

Für die Bemessung der Schubbewehrung werden zwei Verfahren angegeben:

- Standardverfahren

- Verfahren mit veränderlicher Druckstrebenneigung

Beim Standardverfahren wird ein Teil der Querkraft dem Beton zugewiesen - $V_{Rd1}$ - für den Rest wird Schubbewehrung am Fachwerkmodell mit 45° geneigten Druckstreben berechnet. Beim Verfahren mit veränderlicher Druckstrebenneigung - $\vartheta \leq 45°$ - wird die gesamte Schubbewehrung konsequent nach der Fachwerkanalogie berechnet.

Die beiden Verfahren sind nicht aufeinander abgestimmt; sie können zu recht unterschiedlichen Ergebnissen führen. Auf die zweckmäßige Wahl des Verfahrens wird in Abschnitt 5.2.4 und Abschnitt 5.2.6 eingegangen. Zwingend vorgeschrieben ist das Verfahren mit veränderlicher Druckstrebenneigung bei gleichzeitiger Wirkung von Querkraft und Torsion.


### 5.2.2  Maßgebender Bemessungsschnitt, auflagernahe Einzellasten

Auflagernahe Lasten werden direkt in das Auflager eingeleitet, ein Vorteil, der bei der Schubbemessung berücksichtigt werden darf. Demzufolge wird bei Platten und Balken mit gleichmäßig verteilter Last die aufzunehmende Querkraft $V_{Sd}$ im Abstand $d$ vom Auflagerrand ermittelt [4.3.2.2(10)], s. Bild 5.6.

Wenn eine Einzellast im Abstand $x \leq 2,5 \cdot d$ vom Auflagerrand wirkt, s. Bild 5.6, kann die Bemessungsschubfestigkeit $\tau_{Rd}$ mit dem Beiwert $\beta$ erhöht werden, d.h. die vom Beton übertragene Querkraft $V_{Rd1}$ kann höher angesetzt werden.

$$\beta = 2,5 \cdot d / h \qquad\qquad \text{mit } 1,0 \leq \beta \leq 3,0 \qquad\qquad (5.4)$$

Die Begrenzung auf $\beta \leq 3$ wird in Bild R2 der Anwendungsrichtlinie [5] verdeutlicht. Mit dieser Regelung fällt die Schubbewehrung nach dem Standardverfahren geringer aus, desgleichen kommt sie Bauteilen ohne Schubbewehrung zugute. Es ist jedoch zu beachten, daß auflagernahe Lasten keinen Einfluß auf den Maximalwert $V_{Rd2}$ haben.

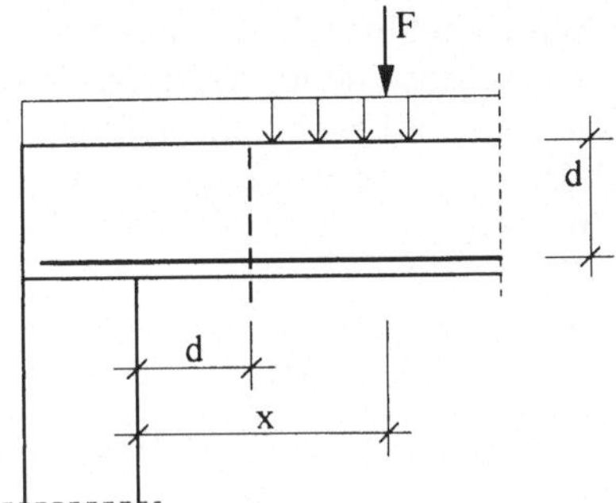

Bild 5.6
Maßgebender Bemessungsschnitt und
auflagernahe Einzellasten

Voraussetzung für die o.g. Vergünstigungen ist

- direkte Lasteintragung

- keine Staffelung der Biegebewehrung im Bereich $< 2{,}5 \cdot d$ vom Auflagerrand

### 5.2.3 Bauteile ohne rechnerisch erforderliche Schubbewehrung

Es ist keine Schubbewehrung erforderlich für

$$V_{Sd} \le V_{Rd1}$$

Für Balken ist jedoch eine Mindestschubbewehrung vorzusehen, s. Abschnitt 9.1.2.

Der Bemessungswert der aufnehmbaren Querkraft $V_{Rd1}$ ergibt sich aus:

$$V_{Rd1} = \left[ \tau_{Rd} \cdot k \cdot (1{,}2 + 40 \cdot \rho_l) + 0{,}15 \cdot \sigma_{cp} \right] b_w \cdot d \qquad (5.5)$$

$\tau_{Rd}$   .... Grundwert der Bemessungsschubfestigkeit, s. Tabelle 5.4

$k$    $= 1{,}6 - d \ge 1$    $(d$ in m$)$
     $= 1$, wenn $\ge 50\%$ der Feldbewehrung gestaffelt ist

$\rho_l$   $= A_{sl} / (b_w \cdot d) \le 0{,}02$

$A_{sl}$   .... Fläche der Zugbewehrung, die mindestens um $d + l_{b,net}$ über den
     betrachteten Schnitt geführt wird, s. Bild 5.7

$b_w$   .... kleinste Querschnittsbreite innerhalb der Nutzhöhe

$\sigma_{cp}$   $= N_{Sd} / A_c$

$N_{Sd}$   .... Längskraft (Druck positiv)

Die im EC 2 angegebenen Grundwerte der Bemessungsschubfestigkeit wurden aufgrund neuerer Erkenntnisse um ca. 20% herabgesetzt, s. Anwendungsrichtlinie [5]. Der Beiwert $k$ begünstigt dünne Bauteile, $d < 0,6$ m, was insbesondere für Platten vorteilhaft ist. In den meisten Fällen wird sich Gleichung (5.5) vereinfachen, weil keine Längskraft vorhanden ist, s. Beispiel Abschnitt 5.2.6.

Tabelle 5.4   Werte für $\tau_{Rd}$ [N/mm²], aus [5]

| $f_{ck}$ | 12 | 16 | 20 | 25 | 30 | 35 | 40 | 45 | 50 |
|---|---|---|---|---|---|---|---|---|---|
| $\tau_{Rd}$ | 0,20 | 0,22 | 0,24 | 0,26 | 0,28 | 0,30 | 0,31 | 0,32 | 0,33 |

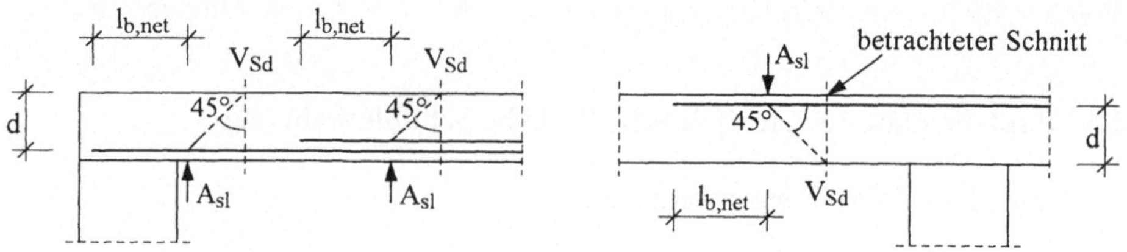


Bild 5.7   Definition von $A_{sl}$

### 5.2.4  Bauteile mit rechnerisch erforderlicher Schubbewehrung

**Standardverfahren**

Es werden die Querkrafttragfähigkeit des Betons $V_{cd}$ und die der Schubbewehrung $V_{wd}$ addiert.

$$V_{Rd3} = V_{cd} + V_{wd} \qquad\qquad (5.6)$$

$$V_{cd} = V_{Rd1} \qquad \text{ohne auflagernahe Einzellasten}$$

$$V_{cd} = \beta \cdot V_{Rd1} \qquad \text{mit auflagernahen Einzellasten, } \beta \text{ s. Gl. (5.4)}$$

Die Tragfähigkeit der Schubbewehrung folgt aus dem Fachwerkmodell mit 45° geneigten Druckstreben. Für lotrechte Schubbewehrung gilt:

$$V_{wd} \;=\; A_{sw} \cdot 0{,}9 \cdot d \cdot f_{ywd} \tag{5.7}$$

$A_{sw}$  ....  Schubbewehrung je Längeneinheit [cm²/m]

$0{,}9 \cdot d$ ....  innerer Hebelarm $z$

$f_{ywd} \;=\; f_{yk} / \gamma_s$   Bemessungswert der Schubbewehrung

Mit $V_{Rd3} = V_{Sd}$ ergibt sich der Querschnitt der Schubbewehrung.

$$A_{sw} \;=\; \frac{V_{Sd} - V_{cd}}{0{,}9 \cdot d \cdot f_{ywd}} \quad \text{[cm²/m]} \tag{5.8}$$

Bei geneigter Schubbewehrung gilt:

$$V_{wd} \;=\; A_{sw} \cdot 0{,}9d \cdot f_{ywd} \cdot (1 + \cot\alpha) \cdot \sin\alpha \tag{5.9}$$

$\alpha$    ....  Winkel zwischen Schubbewehrung und Bauteilachse

$$A_{sw} \;=\; \frac{V_{Sd} - V_{cd}}{0{,}9 \cdot d \cdot f_{ywd} \cdot (1 + \cot\alpha) \cdot \sin\alpha} \quad \text{[cm²/m]} \tag{5.10}$$

Die größte aufnehmbare Querkraft beträgt:

$$V_{Rd2} \;=\; 0{,}5 \cdot \nu \cdot f_{cd} \cdot b_w \cdot 0{,}9 \cdot d \cdot (1 + \cot\alpha) \tag{5.11}$$

$$\nu \;=\; 0{,}7 - f_{ck} / 200 \geq 0{,}5 \tag{5.12}$$

$\nu$ wird als Wirksamkeitsfaktor bezeichnet, der die Spannung in den Betondruckstreben auf $\sigma_c \leq \nu \cdot f_{cd}$ begrenzt.

Für lotrechte Bügel oder deren Kombination mit Aufbiegungen ist $\cot\alpha = 0$ zu setzen.

$V_{Rd2}$ ist immer zu berechnen, weil davon auch der Abstand der Bügel abhängt.

**Verfahren mit veränderlicher Druckstrebenneigung**

Der Berechnung der aufnehmbaren Querkraft liegt konsequent ein Fachwerkmodell mit Zug- und Druckstreben zugrunde, so daß in allen Laststufen Schubbewehrung erforderlich ist. Der Maximalwert $V_{Rd2}$ ergibt sich aus der Tragfähigkeit der schrägen Druckstreben.

Bei Bauteilen mit lotrechter Schubbewehrung folgt die Querkrafttragfähigkeit aus:

$$V_{Rd2} = \frac{b_w \cdot z \cdot v \cdot f_{cd}}{\cot \vartheta + \tan \vartheta} \qquad (5.13)$$

$$V_{Rd3} = A_{sw} \cdot z \cdot f_{ywd} \cdot \cot \vartheta \qquad (5.14)$$

$\vartheta$ .... Winkel zwischen Betondruckstreben und Längsachse

Mit $V_{Rd3} = V_{Sd}$ und $z = 0{,}9 \cdot d$ ergibt sich der Bügelquerschnitt je Längeneinheit:

$$A_{sw} = \frac{V_{Sd}}{0{,}9 \cdot d \cdot f_{ywd} \cdot \cot \vartheta} \quad [\text{cm}^2/\text{m}] \qquad (5.15)$$

Bei Bauteilen mit geneigter Schubbewehrung gilt:

$$V_{Rd2} = b_w \cdot z \cdot v \cdot f_{cd} \, \frac{\cot \vartheta + \cot \alpha}{1 + \cot^2 \vartheta} \qquad (5.16)$$

$$V_{Rd3} = A_{sw} \cdot z \cdot f_{ywd} \cdot (\cot \vartheta + \cot \alpha) \sin \alpha \qquad (5.17)$$

$$A_{sw} = \frac{V_{Sd}}{0{,}9 \cdot d \cdot f_{ywd} \cdot (\cot \vartheta + \cot \alpha) \cdot \sin \alpha} \quad [\text{cm}^2/\text{m}] \qquad (5.18)$$

Darin ist $z = 0{,}9 \cdot d$ gesetzt und $A_{sw}$ ist auf die Längeneinheit bezogen.

Sowohl der Querschnitt der Schubbewehrung als auch die maximale Querkrafttragfähigkeit hängen maßgeblich vom Winkel $\vartheta$ zwischen der Betondruckstrebe und der Bauteilachse ab. Die Anwendungsrichtlinie [5] begrenzt die Druckstrebenneigung auf

$$\cot \vartheta = 1{,}75$$

In Heft 425 DAfStb [15] wird $\cot \vartheta$ in Abhängigkeit von der Längskraftbeanspruchung angegeben.

$$\cot \vartheta = 1{,}25 - 3 \cdot \sigma_{cp} \, / \, f_{cd} \qquad (5.19)$$

$$\sigma_{cp} = N_{Sd} \, / \, A_c \qquad \text{(Druck negativ)}$$

Da Stahlbetonbalken in den meisten Fällen nicht durch Längskraft beansprucht sind, folgt aus Gl. (5.19)

$$\cot \vartheta = 1{,}25$$

womit sich die Druckstrebenneigung nicht wesentlich von 45° unterscheidet.

Bei der Abstufung der Längsbewehrung erfordert die flachere Druckstrebenneigung ein etwas größeres Versatzmaß [4.3.2.4.4], Näheres s. Abschnitt 9.1.1.

Um herauszufinden, welches der beiden Verfahren die kleinere Schubbewehrung ergibt, werden die Gleichungen (5.8) und (5.15) gegenübergestellt - lotrechte Schubbewehrung vorausgesetzt - .

$$\frac{V_{Sd} - V_{cd}}{0{,}9 \cdot d \cdot f_{ywd}} = \frac{V_{Sd}}{0{,}9 \cdot d \cdot f_{ywd} \cdot \cot \vartheta}$$

Bei geringer Schubbeanspruchung ist das Standardverfahren eindeutig günstiger. Das Verfahren mit veränderlicher Druckstrebenneigung ist bei hoher Schubbeanspruchung vorteilhaft, und zwar für:

$$V_{Sd} - V_{cd} \geq V_{Sd} / \cot \vartheta$$

$$V_{Sd} \geq \frac{\cot \vartheta}{\cot \vartheta - 1} \cdot V_{cd} \tag{5.19a}$$

$$V_{Sd} > 5 \cdot V_{cd} \qquad \text{für } \cot \vartheta = 1{,}25 \tag{5.19b}$$

$$V_{Sd} > 2{,}3 \cdot V_{cd} \qquad \text{für } \cot \vartheta = 1{,}75 \tag{5.19c}$$

Die o.g. Gleichungen gelten für den jeweils betrachteten Schnitt; zum Querkraftnullpunkt hin wird das Standardverfahren wieder günstiger. Da die Verfahren innerhalb eines Querkraftbereichs nicht vermischt werden dürfen, läßt sich der Vorteil des einen oder anderen Verfahrens nicht allgemeingültig angeben.

Beide Verfahren werden im Beispiel Abschnitt 5.2.6 behandelt.


### 5.2.5  Schub zwischen Balkensteg und Gurt

Bei Plattenbalken ist der Anschluß des Druckgurtes und des Zuggurtes an den Steg nachzuweisen [4.3.2.5]. Die Längskraftdifferenz $\Delta F_d$ zwischen Momentennullpunkt und Momentenhöchstwert darf gleichmäßig über die Länge $a_v$ angesetzt werden, s. Bild 5.8. Daraus ergibt sich der mittlere aufzunehmende Längsschub je Längeneinheit:

$$v_{Sd} \quad = \quad \Delta F_d \, / \, a_v \tag{5.20}$$

$\Delta F_d$ .... Längskraftdifferenz, die im Gurtabschnitt (eine Seite) auf der Länge $a_v$ auftritt

$a_v$ .... Abstand zwischen Momentennullpunkt und Momentenhöchstwert

Nachzuweisen ist, daß der Maximalwert $v_{Rd2}$ nicht überschritten wird; über $v_{Rd3}$ ergibt sich die Schubbewehrung im Gurtplattenanschnitt.

$$v_{Rd2} \quad = \quad 0{,}2 \cdot f_{cd} \cdot h_f \tag{5.21}$$

$$v_{Rd3} \quad = \quad 2{,}5 \cdot \tau_{Rd} \cdot h_f + A_{sf} \cdot f_{yd} \, / \, s_f \tag{5.22}$$

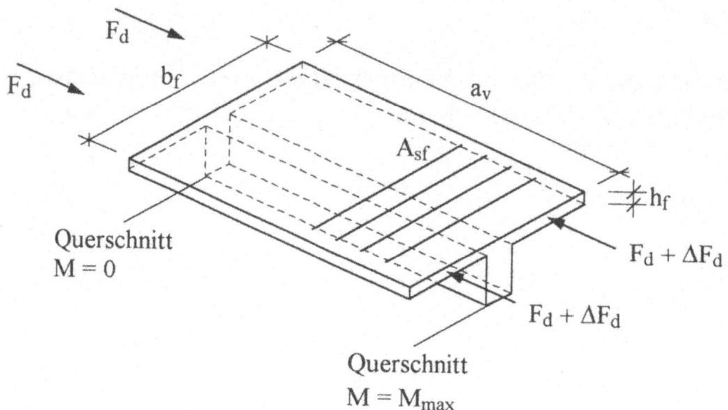


Bild 5.8   Bezeichnungen für die Verbindung zwischen Gurt und Steg

Der Beitrag der Schubspannung $\tau_{Rd}$, s. Tabelle 5.4, entfällt, wenn der Gurt durch eine Zugkraft beansprucht wird, z. B. infolge Plattenbiegung. Aus $v_{Rd3} = v_{Sd}$ und $s_f = 1$ m folgt für Plattenbalken mit Querbiegung

$$A_{sf} \quad = \quad \Delta F_d \, / \left( a_v \cdot f_{yd} \right) \qquad [\text{cm}^2/\text{m}] \tag{5.23}$$

Maßgebend ist der größere erforderliche Stahlquerschnitt aus Gl. (5.23) oder aus Plattenbiegung [4.3.2.5(6)]. Die Bewehrung der beiden Nachweise braucht nicht addiert zu werden.

Beispiel s. Abschnitt 5.2.6.

### 5.2.6  Beispiel Plattenbalken

Das Mittelfeld des Fünffeldträgers Pos 2 wird auf Querkraft bemessen.

Schnittgrößen s. Abschnitt 4.4.2

Obgleich direkte Stützung vorliegt, darf die Querkraft nicht im Abstand $d$ vom Auflagerrand zugrunde gelegt werden, weil der Balken überwiegend durch Einzellasten beansprucht wird [4.3.2.2(10)]. Maßgebend ist die Querkraft am Auflagerrand, s. Bild 5.9. Außerdem erfolgt die Schubbemessung rechts der auflagernahen Einzellast $x = 1{,}00_{\text{re}}$.

### Standardverfahren

Tabelle 5.5   Pos 2: Schubbemessung

| $x$ | $V_{Sd}$ | $d$ | $b_w$ | $A_{sl}$ | $\rho_l$ | $k$ | $V_{Rd1}$ | $V_{cd}$ | $V_{Rd2}$ | $A_{sw}$ |
|---|---|---|---|---|---|---|---|---|---|---|
| | kN | m | m | cm² | - | - | kN | kN | kN | cm²/m |
| 0 | 729 | 0,48 | 0,60 | 24,6 | 0,0085 | 1,12 | 139 | 153 | 1426 | 30,7 |
| $1{,}00_{\text{re}}$ | 280 | 0,50 | 0,60 | 24,6 | 0,0082 | 1,10 | 141 | 141 | 1485 | 7,1 |

Einzelschritte für Schnitt $x = 0$
Vom Beton aufnehmbare Querkraft

$$V_{Rd1} \;=\; \tau_{Rd} \cdot k \cdot (1{,}2 + 40 \cdot \rho_l) \cdot b_w \cdot d \qquad \text{s. Gl. (5.5)}$$

$$\tau_{Rd1} \;=\; 0{,}28 \ \text{N/mm}^2 \qquad\qquad\qquad \text{s. Tabelle 5.4: C30/37}$$

$$k \;=\; 1{,}6 - d = 1{,}6 - 0{,}48 = 1{,}12$$

$$\rho_l \;=\; A_{sl} / (b_w \cdot d) = 24{,}6 / (0{,}60 \cdot 0{,}48) = 0{,}0085$$

Es wird die obere Stegbewehrung berücksichtigt, die über $x = 0$ um mindestens $d + l_{b,net}$ ins Feld geführt wird (4⌀28). Im Schnitt $x = 1{,}00_{\text{re}}$ ist der Anteil der unteren Bewehrung anzusetzen, der darüber hinaus um $d + l_{b,net}$ zum Auflager geführt wird.

$$V_{Rd1} = 0{,}28 \cdot 1{,}12 \cdot (1{,}2 + 40 \cdot 0{,}0085) \cdot 0{,}60 \cdot 0{,}48 \cdot 10^3 = 139 \ \text{kN}$$

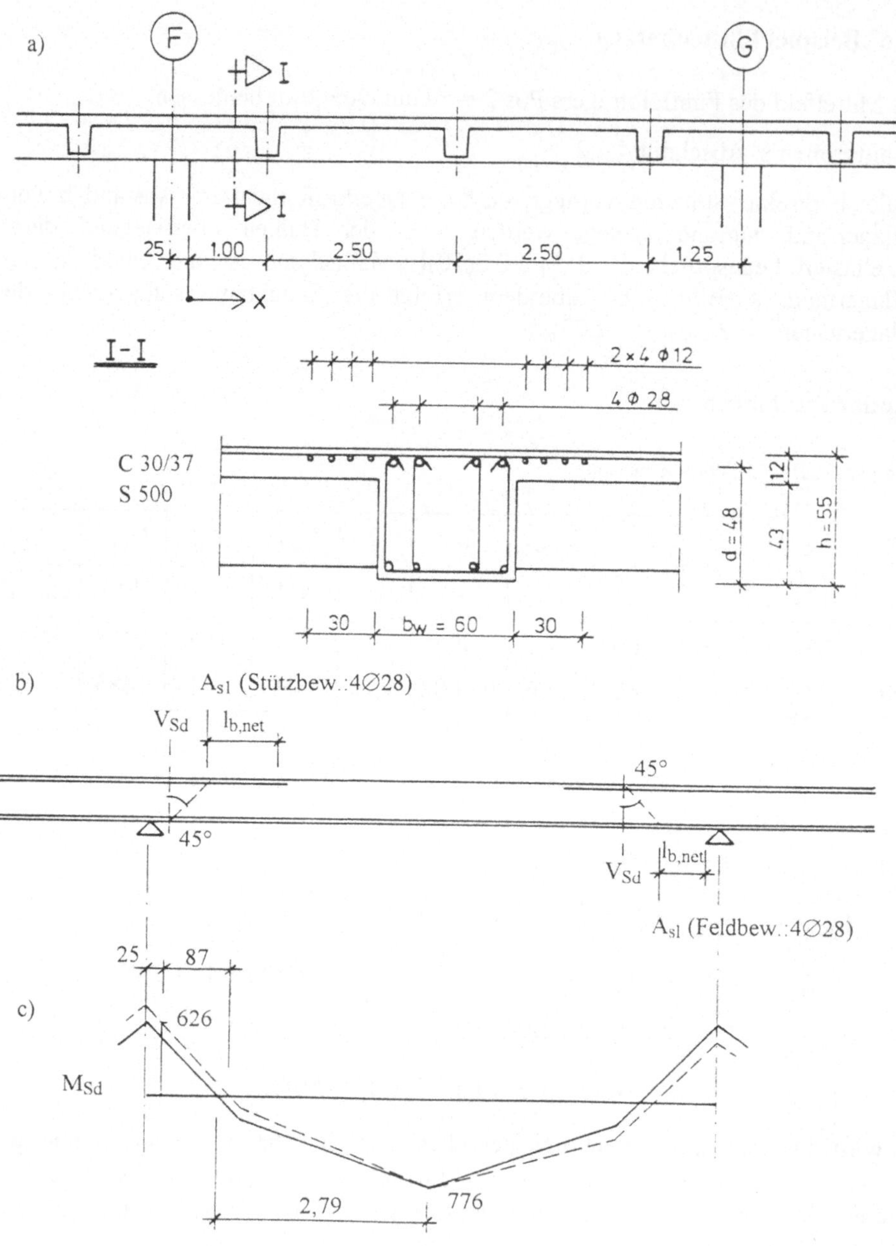


Bild 5.9   Pos 2: Angaben zu den Schubnachweisen
    a) Geometrie          b) Ansatz Längsbewehrung          c) Biegemomente

Bei auflagernahen Einzellasten darf die aufnehmbare Querkraft $V_{Rd1}$ mit dem Beiwert $\beta$, s. Gl. (5.4) erhöht werden.

$$\beta = 2{,}5 \cdot d \ / \ x = 2{,}5 \cdot 0{,}48 \ / \ 1{,}00 = 1{,}20$$

Nach Heft 425 DAfStb [15] sollte diese Erhöhung nur auf den Querkraftanteil der auflagernahen Last $F$ bezogen werden.

$$V_{Sd,F} \ = \ (216 + 224) \cdot (7{,}50 - 1{,}25) \ / \ 7{,}50 = 367 \ \text{kN}$$

$$red \ \beta \ = \ 1 + (\beta - 1) \cdot V_{Sd,F} \ / \ V_{Sd} = 1 + (1{,}2 - 1) \cdot 367 \ / \ 729 = 1{,}10$$

$$V_{cd} \ = \ red \ \beta \cdot V_{Rd1} = 1{,}10 \cdot 139 = 153 \ \text{kN}$$

Schubbewehrung, lotrechte Bügel, s. Gl. (5.8)

$$A_{sw} \ = \ \frac{V_{Sd} - V_{cd}}{0{,}9 \cdot d \cdot f_{ywd}} = \frac{0{,}729 - 0{,}153}{0{,}9 \cdot 0{,}48 \cdot 435} \cdot 10^4 = 30{,}7 \ \text{cm}^2/\text{m}$$

Maximalwert der aufnehmbaren Querkraft, s. Gl. (5.11)

$$V_{Rd2} \ = \ 0{,}5 \cdot v \cdot f_{cd} \cdot b_w \cdot 0{,}9 \cdot d$$

$$v \ = \ 0{,}7 - f_{ck} \ / \ 200 = 0{,}7 - 30 \ / \ 200 = 0{,}55 > 0{,}5$$

$$V_{Rd2} \ = \ 0{,}5 \cdot 0{,}55 \cdot 20 \cdot 0{,}60 \cdot 0{,}9 \cdot 0{,}48 \cdot 10^3 = 1426 \ \text{kN}$$

**Verfahren mit veränderlicher Druckstrebenneigung**

Die Neigung der Druckstreben wird nach [15] auf $\cot \vartheta = 1{,}25$ begrenzt.

Schubbewehrung, lotrechte Bügel, s. Gl. (5.15)

$$A_{sw} \ = \ V_{Sd} \ / \left( 0{,}9 \cdot d \cdot f_{ywd} \cdot \cot \vartheta \right)$$

$x = 0:$    $A_{sw} = 0{,}729 \cdot 10^4 \ / \left( 0{,}9 \cdot 0{,}48 \cdot 435 \cdot 1{,}25 \right) = 31{,}0 \ \text{cm}^2/\text{m}$

$x = 1{,}00_{\,re}$    $A_{sw} = 11{,}4 \ \text{cm}^2/\text{m}$

Maximalwert der aufnehmbaren Querkraft, s. Gl. (5.13)

$$V_{Rd2} \ = \ b_w \cdot z \cdot v \cdot f_{cd} \ / \left( \cot \vartheta + \tan \vartheta \right)$$

$$V_{Rd2} \ = \ 0{,}60 \cdot 0{,}9 \cdot 0{,}48 \cdot 0{,}55 \cdot 20 \cdot 10^3 \ / \left( 1{,}25 + 0{,}80 \right) = 1391 \ \text{kN}$$

Im Schnitt $x = 0$, wo die höchste Schubbeanspruchung vorhanden ist, erfordert das Verfahren mit veränderlicher Druckstrebenneigung etwas mehr Schubbewehrung ($A_{s\tau} = 31,0$ cm²/m) als das Standardverfahren ($A_{s\tau} = 30,7$ cm²/m). Das ist nach Gl. (5.19b) mit den Werten $V_{Sd} = 729$ kN und $V_{cd} = 153$ kN vorab zu erkennen. Das Verfahren mit veränderlicher Druckstrebenneigung ist nur bei noch höherer Schubbeanspruchung vorteilhaft oder, wenn $\cot \vartheta > 1,25$ gesetzt wird. Nach [15] ist das jedoch nur bei gleichzeitig wirkender Druckkraft möglich, s. Gl. (5.19).

Die Mindestschubbewehrung und die zulässigen Bügelabstände werden in Abschnitt 9.1.2 behandelt.

**Schub zwischen Balkensteg und Gurt**

Gurt in der Druckzone

In Bild 5.9c ist der Momentenverlauf dargestellt, ausgezogene Linie für maximales Feldmoment. Insgesamt beträgt die Längskraftdifferenz zwischen Momentennullpunkt und Feldmitte

$$\sum \Delta F_d = \max M / z = 776 / (0,9 \cdot 0,50) = 1724 \text{ kN}$$

Längskraftdifferenz im Gurt

$$\Delta F = \frac{b_{\it eff} - b_w}{2 \cdot b_{\it eff}} \sum \Delta F_d = \frac{1,65 - 0,60}{2 \cdot 1,65} \cdot 1724 = 549 \text{ kN}$$

Abstand zwischen $M = 0$ und $\max M$

$$a_v = 2,79 \text{ m}$$

mittlere aufzunehmende Längsschubkraft

$$v_{Sd} = \Delta F_d / a_v = 549 / 2,79 = 197 \text{ kN/m}$$

Maximalwert

$$v_{Rd2} = 0,2 \cdot f_{cd} \cdot h_f = 0,2 \cdot 20 \cdot 0,12 \cdot 10^3 = 480 \text{ kN/m}$$

Die Querträger Pos 1 beanspruchen den Gurt auf Querzug, so daß der Schub zwischen Steg und Gurt des Hauptbalkens Pos 2 voll durch Bewehrung abzudecken ist, s. Gl. (5.23).

$$A_{sf} = v_{Sd} / f_{yd} = 0,197 \cdot 10^4 / 435 = 4,5 \text{ cm}^2/\text{m}$$

Gurt in der Zugzone

Momentenverlauf s. Bild 5.9c - gestrichelte Linie für ungünstigstes Stützmoment -, Verteilung der Stützbewehrung s. Bild 5.9a.

$$\sum \Delta F_d = 626 / (0{,}9 \cdot 0{,}48) = 1449 \text{ kN}$$

anteilig im Gurt

$$A_{sa} = 4{,}5 \text{ cm}^2 \ (4\varnothing 12), \qquad A_s = 33{,}6 \text{ cm}^2 \ (4\varnothing 28, 8\varnothing 12)$$

$$\Delta F_d = \frac{A_{sa}}{A_s} \sum \Delta F_d = \frac{4{,}5}{33{,}6} \cdot 1449 = 194 \text{ kN}$$

$$v_{Sd} = 194 / 0{,}87 = 223 \text{ kN/m}$$

$$A_{sf} = 0{,}223 \cdot 10^4 / 435 = 5{,}1 \text{ cm}^2/\text{m}$$

Bei gleichzeitiger Querbiegung braucht nur die größere Bewehrung aus Biegung oder Schub eingelegt zu werden. Im unmittelbaren Bereich der Querträger - Abstand 2,50 m - ist genügend Bewehrung vorhanden. Zwischen den Querträgern reicht eine konstruktive Anschlußbewehrung, z. B. $\varnothing 10\text{-}25$: $A_{sf} = 3{,}1$ cm²/m. Die o.g. Werte $A_{sf}$ können dort unterschritten werden, weil die Zugbeanspruchung des Gurtes durch die Querträger entfällt, so daß $\tau_{Rd}$ zur Querkrafttragfähigkeit beiträgt, s. Gl. (5.22).

$$v_{Rd3} = 2{,}5 \cdot \tau_{Rd} \cdot h_f + A_{sf} \cdot f_{yd} / s_f$$

$$= 2{,}5 \cdot 0{,}28 \cdot 0{,}12 \cdot 10^3 + 3{,}1 \cdot 435 \cdot 10^{-1} = 219 \text{ kN/m}$$

## 5.3 Torsion

### 5.3.1 Nachweisverfahren

Eine Bemessung für Torsion ist nur dann erforderlich, wenn das Gleichgewicht des Tragwerks von der Torsionstragfähigkeit der einzelnen Bauteile abhängt. Bei statisch unbestimmten Tragwerken ist die Torsion häufig gar nicht für die Standsicherheit maßgebend, sondern ergibt sich nur aus den Verträglichkeitsbedingungen. Dann genügt es, eine geeignete konstruktive Bewehrung in Form von Bügeln und Längsstäben vorzusehen, um die Rißbreiten im Gebrauchszustand zu beschränken.

Da eine vollständige Torsionsbemessung vergleichsweise selten durchzuführen ist, werden die Regelungen des EC 2, Abschnitt 4.3.3, nicht in allen Einzelheiten wiedergegeben. Ein Beispiel mit den verschiedenen Nachweisen enthält [14].

Die Torsionstragfähigkeit wird am Modell eines dünnwandigen geschlossenen Querschnitts berechnet, s. Bild 5.10. Vollquerschnitte werden durch gleichwertige dünnwandige Hohlquerschnitte ersetzt.

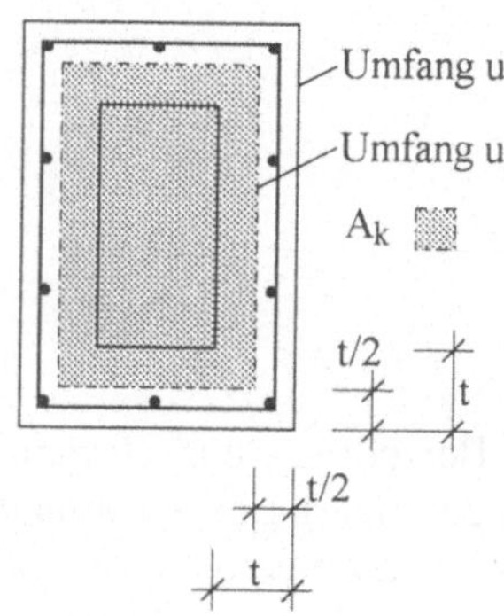


Beispiel:  
b  = 40 cm  
h  = 60 cm  
A  = b · h = 2400 cm$^2$  
u  = 2 (b + h) = 200 cm  
t  = A / u = 12 cm  
$A_k$ = (b - t) · (h - t) = 1344 cm$^2$  
$u_k$ = 2 (b - t) + 2 (h - t) = 152 cm

Bild 5.10  Bezeichnungen für den Torsionsnachweis

Zur Aufnahme der Torsion sind Bügel und über den Umfang verteilte Längsstäbe erforderlich. Sie bilden zusammen mit den geneigten Druckstreben des Betons ein Fachwerk. Damit wird das aufnehmbare Torsionsmoment durch die Tragfähigkeit der Betondruckstreben und die Tragfähigkeit der Torsionsbewehrung begrenzt.

$T_{Rd1}$  .... aufnehmbares Torsionsmoment:  
maßgebend ist die Tragfähigkeit der Betondruckstreben

$T_{Rd2}$  .... aufnehmbares Torsionsmoment:  
maßgebend ist die Tragfähigkeit der Bewehrung

$$T_{Rd1} = 2 \cdot v \cdot f_{cd} \cdot t \cdot A_k / (\cot \vartheta + \tan \vartheta) \tag{5.24}$$

$t$  $\leq$  $A / u \leq$ vorhandene Wanddicke,  
bei Vollquerschnitten bezeichnet $t$ die Ersatzwanddicke

$u$  .... äußerer Umfang

$A$  .... Gesamtfläche des Querschnitts innerhalb des äußeren Umfangs (einschließlich hohler Innenbereiche)

$A_k$      .... Fläche, die von der Mittellinie eines dünnwandigen Hohlquerschnitts umschlossen wird (einschließlich hohler Innenbereiche)

$$v = 0{,}7 \cdot \left(0{,}7 - f_{ck} / 200\right) \geq 0{,}35 \tag{5.25}$$

$\vartheta$      .... Winkel zwischen Betondruckstreben und Längsachse des Balkens

die Anwendungsrichtlinie [5] begrenzt $\vartheta$ auf

$$4 / 7 \leq \vartheta \leq 7 / 4$$

$$T_{Rd2} = 2 \cdot A_k \cdot f_{ywd} \cdot A_{sw} \cdot \cot \vartheta \tag{5.26}$$

Mit $T_{Rd2} = T_{Sd}$ ergibt sich der Bügelquerschnitt je Längeneinheit:

$$A_{sw} = \frac{T_{Sd}}{2 \cdot A_k \cdot f_{ywd} \cdot \cot \vartheta} \qquad [\text{cm}^2/\text{m}] \tag{5.27}$$

Die zusätzlich für Torsion erforderliche Längsbewehrung folgt aus:

$$A_{sl} = \frac{T_{Sd} \cdot u_k \cdot \cot \vartheta}{2 \cdot A_k \cdot f_{yld}} \qquad [\text{cm}^2] \tag{5.28}$$

$u_k$       .... Umfang der Fläche $A_k$

$f_{ywd}$  .... Bemessungswert der Festigkeit der Bügel

$f_{yld}$   ... Bemessungswert der Festigkeit der Längsbewehrung

$A_{sw}$   .... Querschnittsfläche der Bügel je Längeneinheit

$A_{sl}$    .... zusätzlich erforderliche Querschnittsfläche als Torsionslängsbewehrung

## 5.3.2  Kombinierte Beanspruchungen

Vereinfacht kann bei gleichzeitiger Wirkung von Torsion und Biegung oder Torsion und Querkraft folgendermaßen verfahren werden.

**Torsion mit Biegung und / oder mit Längskräften**

Die Längsbewehrung wird getrennt für Biegung und Längskraft sowie für Torsion berechnet. In der Biegezugzone werden die Torsionslängsbewehrung und die Biegebewehrung addiert. In der Biegedruckzone ist keine zusätzliche Torsionslängsbewehrung erforderlich, wenn die Zugspannungen infolge Torsion kleiner sind als die Biegedruckspannungen.

**Torsion mit Querkraft**

Die Interaktionsregel begrenzt die Größe des Torsionsmoments und der Querkraft:

$$\left[\frac{T_{Sd}}{T_{Rd1}}\right]^2 + \left[\frac{V_{Sd}}{V_{Rd2}}\right]^2 \leq 1 \tag{5.29}$$

$T_{Sd}$ .... aufzunehmendes Torsionsmoment

$T_{Rd1}$ .... aufnehmbares Torsionsmoment nach Gl. (5.24)

$V_{Sd}$ .... aufzunehmende Querkraft

$V_{Rd2}$ .... aufnehmbare Querkraft nach Gl. (5.13) oder Gl. (5.16)

Die Bügelbemessung darf getrennt für Torsion und für Querkraft - Verfahren mit veränderlicher Druckstrebenneigung - erfolgen. Dabei ist für die Torsions- und für die Schubbemessung der gleiche Neigungswinkel $\vartheta$ der Druckstreben anzusetzen. Die Querschnitte werden addiert; zu beachten ist, daß sich der Querschnitt bei Torsion auf einen Bügelschenkel bezieht, bei Querkraft dagegen beide Bügelschenkel erfaßt werden.

Bei gering beanspruchten Rechteckquerschnitten ist die Mindestschubbewehrung ausreichend, s. Abschnitt 9.1.2, wenn die folgenden Bedingungen eingehalten sind:

$$T_{Sd} \leq V_{Sd} \cdot b_w / 4{,}5 \tag{5.30}$$

$$V_{Sd} \cdot \left[1 + \frac{4{,}5 \cdot T_{Sd}}{V_{Sd} \cdot b_w}\right] \leq V_{Rd1} \tag{5.31}$$

## 5.4 Durchstanzen

### 5.4.1 Nachweisverfahren

Bei Platten und Fundamenten ist die Querkraft im kritischen Rundschnitt nachzuweisen. Die Querkraft $v_{Sd}$ [kN/m] kann entweder allein vom Beton oder in Kombination mit Schubbewehrung aufgenommen werden.

Analog zu Abschnitt 5.2.1 wird die Querkrafttragfähigkeit längs des kritischen Rundschnitts durch die folgenden Bemessungswerte [kN/m] beschrieben [4.3.4.3(1)]:

$v_{Rd1}$ .... Querkrafttragfähigkeit ohne Schubbewehrung:
Übertragung allein durch den Beton

$v_{Rd2}$ .... maximale Querkrafttragfähigkeit:
maßgebend ist die Tragfähigkeit der geneigten Druckstreben

$v_{Rd3}$ .... Querkrafttragfähigkeit mit Schubbewehrung:
Übertragung durch den Beton und die Schubbewehrung

Für $v_{Sd} \leq v_{Rd1}$ ist keine Schubbewehrung erforderlich. Sonst erfolgt die Bemessung der Schubbewehrung mit $v_{Rd3}$, und zwar nach dem Standardverfahren.

Zu beachten ist, daß die Zunahme der Querkrafttragfähigkeit durch Schubbewehrung eng begrenzt ist, d.h., dem Nachweis von $v_{Rd2}$ kommt weitaus größere Bedeutung zu als $V_{Rd2}$ bei liniengestützten Platten und bei Balken.

Für die Sicherheit gegen Durchstanzen ist eine kräftige Biegebewehrung erforderlich, insofern sind

* Mindestmomente und

* Zugbewehrungsgrad $\geq 0{,}5\%$

einzuhalten. Nach der Anwendungsrichtlinie [5] entfällt die zweite Forderung bei Fundamenten mit einer Dicke von mehr als 0,50 m.

### 5.4.2 Maßgebender Bemessungsschnitt

Der kritische Rundschnitt wird im Abstand $1{,}5 \cdot d$ vom Stützenrand angesetzt, s. Bild 5.11. Im Grundriß folgt er der Stützengeometrie, s. Bild 5.12.

Die o.g. Festlegungen gelten für Rechteckquerschnitte mit einem Seitenverhältnis $a/b \leq 2$. Bei Stützen mit $a/b > 2$ und bei Wänden konzentriert sich die Querkraft in den Ecken, so daß der kritische Rundschnitt nach Bild 5.12d maßgebend ist.

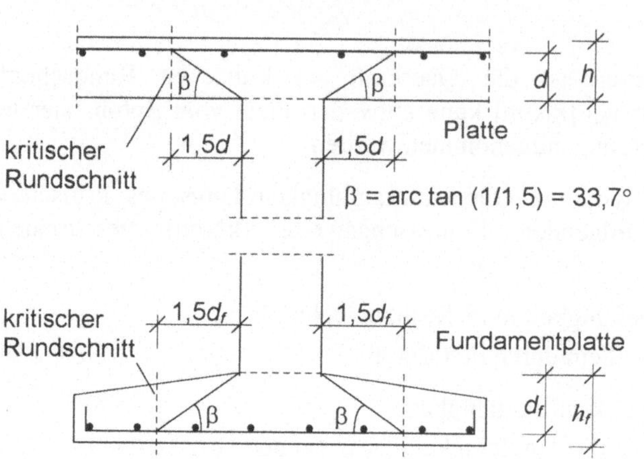

Bild 5.11   Bemessungsmodell Durchstanzen

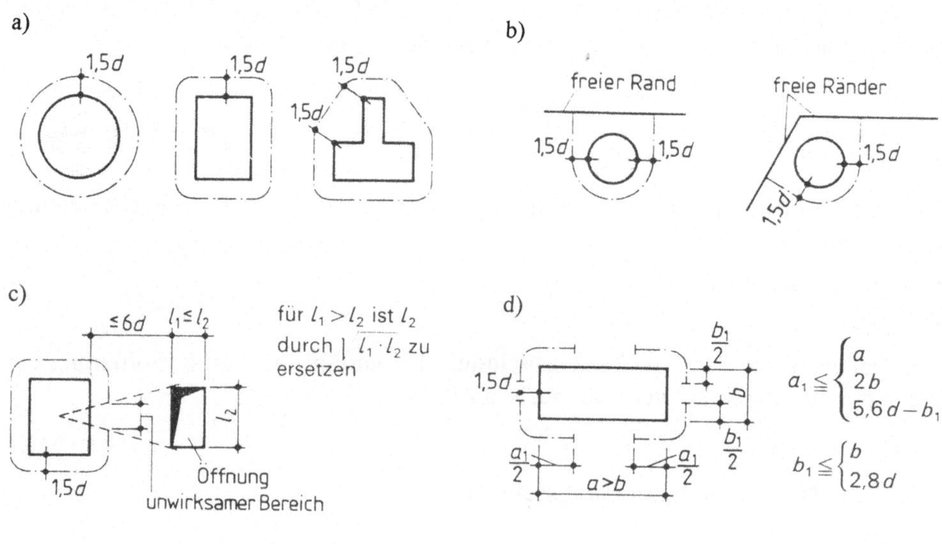

Bild 5.12   Kritischer Rundschnitt
a) allgemein                                    b) in der Nähe von freien Rändern
c) in der Nähe von Öffnungen          d) in Sonderfällen

### 5.4.3  Bauteile ohne rechnerisch erforderliche Schubbewehrung

Die aufzunehmende Querkraft $v_{Sd}$ [kN/m] beträgt:

$$v_{Sd} \quad = \quad V_{Sd} \cdot \beta / u \tag{5.32}$$

$V_{Sd}$  ....  Bemessungswert der Querkraft [kN]

$u$  ....  Umfang des kritischen Rundschnitts

$\beta$  ....  Beiwert zur Berücksichtigung von Lastausmitten

$\qquad \beta = 1,15$  Innenstütze

$\qquad \beta = 1,40$  Randstütze

$\qquad \beta = 1,50$  Eckstütze

Wenn keine Lastausmitte möglich ist, darf $\beta = 1,0$ gesetzt werden. Das trifft bei Innenstützen mit gleichen Stützweiten und gleichmäßig verteilter Last sowie bei mittig beanspruchten, quadratischen Fundamenten zu.

Die Verteilung von $v_{Sd}$ entlang des Rundschnitts wird umso gleichmäßiger sein, je weniger sich die Abmessungen der Decke oder des Fundaments in x- und y-Richtung unterscheiden. Der vorgegebene Wert $\beta = 1,15$ für Innenstützen kann bei annähernd gleichen Stützweiten oder bei annähernd quadratischen Fundamenten unterschritten werden. Die englische Norm BS 8110 [6] bietet einen Ansatz, den Beiwert $\beta$ in Abhängigkeit von der Einspannung Stütze - Platte zu ermitteln.

Bei Fundamenten darf die Querkraft um die Resultierende aus der Bodenpressung innerhalb der Lastausbreitungsfläche abgemindert werden. EC 2 setzt dafür die Fläche innerhalb des kritischen Rundschnitts an [4.3.4.1(5)].

Kordina [17] weist anhand von Versuchsergebnissen auf Unsicherheiten bei zu flachem Verteilungswinkel hin und stellt klar, daß die Umgrenzungslinie für die Abzugsfläche der Sohlpressungen nicht mit dem kritischen Rundschnitt für die Bemessung gegen Durchstanzen identisch sein muß. Insofern sollte die Ausbreitung der Stützenlast unter 45° gewählt werden, wie es auch der Entwurf DIN 1045 vorsieht [3].

Die Querkrafttragfähigkeit ohne Schubbewehrung ergibt sich aus:

$$v_{Rd1} \quad = \quad \tau_{Rd} \cdot k \cdot \left(1,2 + 40 \cdot \rho_l\right) \cdot d \tag{5.33}$$

$\tau_{Rd}$  ....  Bemessungsschubfestigkeit nach [5], s. Tabelle 5.4,
$\qquad$ vergrößert mit Faktor 1,2

$$k = 1,6 - d \geq 1 \quad (d \text{ in m})$$

$$\rho_l = \sqrt{\rho_{lx} \cdot \rho_{ly}} \leq 0,015$$

$\rho_{lx}$ und $\rho_{ly}$ beziehen sich jeweils auf die Zugbewehrung in x- und y-Richtung, die innerhalb des kritischen Rundschnitts liegt

$$d = \left(d_x + d_y\right)/2 \quad \text{mittlere Nutzhöhe}$$

Für $v_{Sd} \leq v_{Rd1}$ ist keine Schubbewehrung erforderlich.

### 5.4.4  Bauteile mit Schubbewehrung

Der Maximalwert der aufnehmbaren Querkraft ergibt sich aus der Tragfähigkeit der geneigten Druckstreben.

$$v_{Rd2} = 1,6 \cdot v_{Rd1} \tag{5.34}$$

Die mögliche Laststeigerung mit Schubbewehrung beträgt 60% und ist damit deutlich geringer als bei liniengestützten Platten oder bei Balken.

Die Querkrafttragfähigkeit setzt sich aus dem Anteil des Betons und der Schubbewehrung zusammen.

$$v_{Rd3} = v_{Rd1} + \sum A_{sw} \cdot f_{yd} \cdot \sin\alpha \, / \, u \tag{5.35}$$

$\sum A_{sw}$ .... Summe der Schubbewehrung

$\alpha$       .... Winkel zwischen Bewehrung und Plattenebene

Aus  $v_{Rd3} = v_{Sd}$  folgt die Schubbewehrung

$$\sum A_{sw} = \frac{v_{Sd} - v_{Rd1}}{f_{yd} \cdot \sin\alpha} \cdot u \tag{5.36}$$

Der Beitrag der Schubbewehrung zur Tragfähigkeit kann jedoch geringer sein als nach Gl. (5.36), insbesondere bei dünnen Bauteilen. Kordina [18] schlägt vor, die Wirksamkeit der Schubbewehrung nur mit 50% anzusetzen. Der Entwurf DIN 1045 [3] sieht einen Beiwert für die Wirksamkeit der Schubbewehrung vor, der von der Plattendicke abhängt.

Auf jeden Fall ist eine Mindestschubbewehrung vorzusehen [4.3.4.5.2(4)], s. Abschnitt 9.2.2. Dafür wird der Schubbewehrungsgrad berechnet:

$$\rho_w \;=\; \sum A_{sw}\cdot\sin\alpha \,/\,\bigl(A_{crit}-A_{load}\bigr) \tag{5.37}$$

$A_{crit}$ .... Fläche innerhalb des kritischen Rundschnitts

$A_{load}$ .... Lasteinleitungsfläche

### 5.4.5 Mindestmomente

Die Querkrafttragfähigkeit in der vorgenannten Größe setzt eine entsprechende Biegebewehrung voraus. In beiden Richtungen sind Mindestmomente $m_{Sdx}$ bzw. $m_{Sdy}$ einzuhalten.

$$m_{Sdx}\ (\text{oder}\ m_{Sdy})\ge\ \eta\cdot V_{Sd}\ \ [\text{kNm/m}] \tag{5.38}$$

$V_{Sd}$ .... aufzunehmende Querkraft

$\eta$ .... Momentenbeiwert nach Tabelle 5.6

Bild 5.13 zeigt, über welche Breite die Mindestmomente anzusetzen sind.

Tabelle 5.6  Momentenbeiwerte $\eta$

| Lage der Stütze | $\eta$ für $m_{Sdx}$ | | | $\eta$ für $m_{Sdy}$ | | |
|---|---|---|---|---|---|---|
| | Plattenoberseite | Plattenunterseite | mitwirkende Plattenbreite | Plattenoberseite | Plattenunterseite | mitwirkende Plattenbreite |
| Innenstütze | −0,125 | 0 | $0,3\,l_y$ | −0,125 | 0 | $0,3\,l_x$ |
| Randstütze, Plattenrand parallel zur $x$-Achse | −0,25 | 0 | $0,15\,l_y$ | −0,125 | +0,125 | (je m Plattenbreite) |
| Randstütze, Plattenrand parallel zur $y$-Achse | −0,125 | +0,125 | (je m Plattenbreite) | −0,25 | 0 | $0,15\,l_x$ |
| Eckstütze | −0,5 | +0,5 | (je m Plattenbreite) | +0,5 | −0,5 | (je m Plattenbreite) |

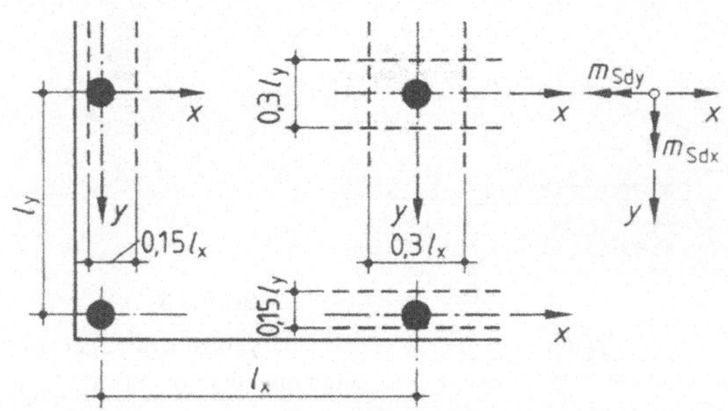


Bild 5.13  Mindestmomente $m_{Sdx}$ und $m_{Sdy}$

### 5.4.6  Beispiel Flachdecke

Bei der Flachdecke Pos 3 wird die Sicherheit gegen Durchstanzen nachgewiesen.

System, Biegebemessung

Mit Hilfe des Näherungsverfahrens nach Heft 240 DAfStb [19] ergibt sich aus der Durchlaufträgerrechnung in x- und in y-Richtung der schraffierte Lasteinzugsbereich für die Stütze G6.

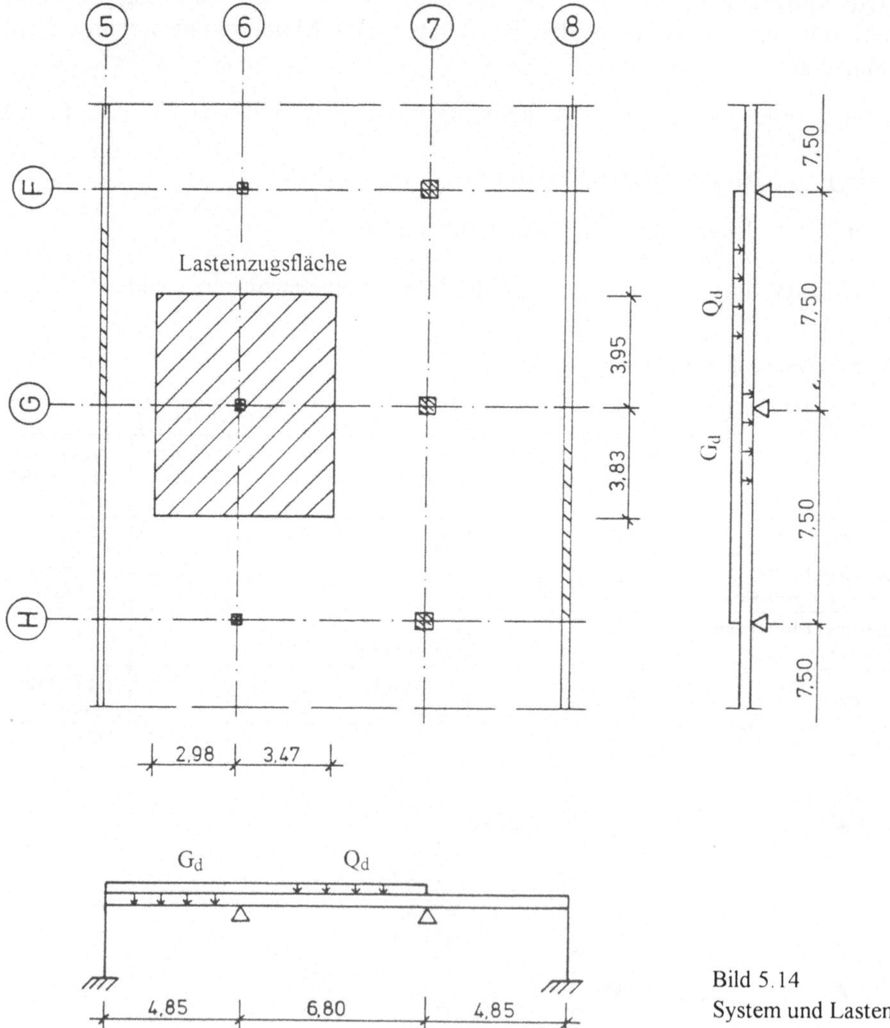


Bild 5.14
System und Lasten

Beton        C30/37
Betonstahl   S500

Biegebewehrung s. Tabelle 5.7

a)

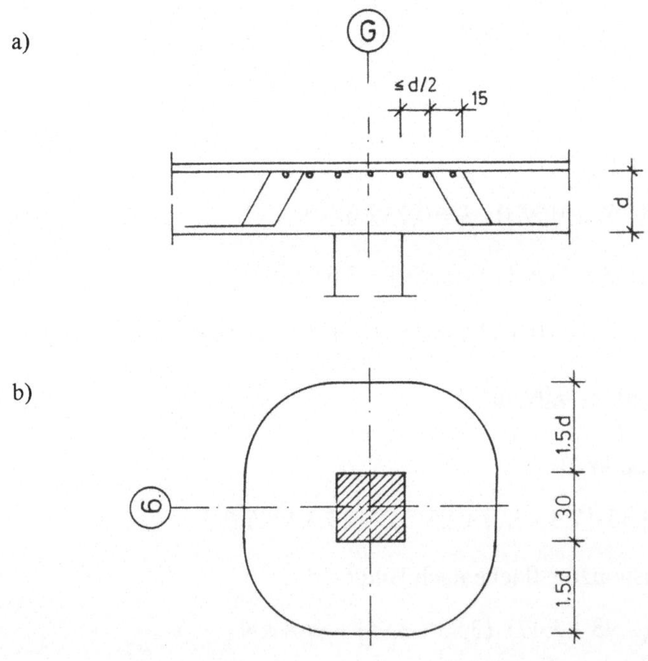


b)

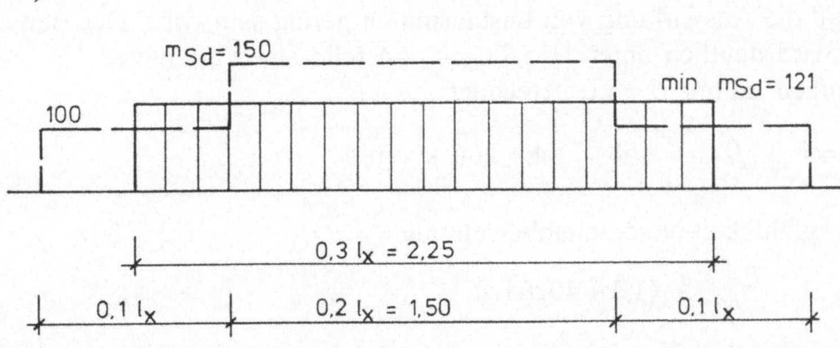


c)



Bild 5.15   Pos 3: Angaben zum Durchstanznachweis
            a) Plattenquerschnitt, Schubbewehrung
            b) Kritischer Rundschnitt
            c) Bemessungsmomente, Mindestmomente

Tabelle 5.7   Pos 3: Biegebewehrung

|   | gewählt | $A_s$ | $d$ | $\rho_l$ |
|---|---------|-------|-----|----------|
|   |         | cm²/m | cm  | -        |
| x | $\varnothing$16-10 | 20,1 | 26,7 | 0,0075 |
| y | $\varnothing$16-12,5 | 16,1 | 25,1 | 0,0064 |

Kritischer Rundschnitt

$$d \quad = \quad (0,267 + 0,251)/2 = 0,259 \ \text{m}$$

$$u \quad = \quad 4 \cdot 0,3 + 2 \cdot \pi \cdot (1,5 \cdot 0,259) = 3,64 \ \text{m}$$

$$A_{crit} \quad = \quad 0,30^2 + 4 \cdot 0,3 \cdot (1,5 \cdot 0,259) + \pi \cdot (1,5 \cdot 0,259)^2 = 1,03 \ \text{m}^2$$

$$A_{load} \quad = \quad 0,30^2 = 0,09 \ \text{m}^2$$

Aufzunehmende Querkraft

$$G_d + Q_d = 1,35 \cdot (7,5 + 1,2) + 1,5 \cdot 5,0 = 19,3 \ \text{kN/m}^2$$

bezogen auf die Lasteinzugsfläche nach Bild 5.14

$$V_{Sd} = 19,3 \cdot (2,98 + 3,47) \cdot (3,83 + 3,95) = 968 \ \text{kN}$$

Die größte Querkraft entsteht, wenn alle angrenzenden Felder belastet sind. Beim vorliegenden Grundriß sind die angrenzenden Stützweiten noch annähernd gleich groß, so daß die Auswirkung von Lastausmitten gering sein wird. Der Beiwert $\beta$ in Gl. (5.32) wird deutlich unter 1,15 liegen. Anstelle einer genaueren Untersuchung wird vereinfachend mit $\beta = 1,0$ gerechnet.

$$v_{Sd} = V_{Sd} \cdot \beta / u = 968 / 3,64 = 266 \ \text{kN/m}$$

Querkrafttragfähigkeit ohne Schubbewehrung

$$v_{Rd1} \quad = \quad \tau_{Rd} \cdot k \cdot (1,2 + 40\rho_l) \cdot d$$

$$\tau_{Rd} \quad = \quad 1,2 \cdot 0,28 = 0,34 \ \text{N/mm}^2 \qquad\qquad \text{s. Tabelle 5.4: C30/37}$$

$$k \quad = \quad 1,6 - d = 1,6 - 0,259 = 1,34$$

$$\rho_l \quad = \quad \sqrt{\rho_{lx} \cdot \rho_{ly}} = \sqrt{0,0075 \cdot 0,0064} = 0,0070$$

Der Bewehrungsgrad im kritischen Rundschnitt bezieht sich ausschließlich auf die dort angeordnete Bewehrung. Es braucht nicht der Mittelwert der Bewehrung im inneren und äußeren Gurtstreifen angesetzt zu werden, wie in Heft 240 DAfStb [19] gefordert.

$$v_{Rd1} = 0{,}34 \cdot 1{,}34 \cdot (1{,}2 + 40 \cdot 0{,}0070) \cdot 0{,}259 \cdot 10^3 = 175 \text{ kN/m}$$
$$< v_{Sd} = 266 \text{ kN/m}$$

Es ist Schubbewehrung erforderlich. Der Maximalwert beträgt:

$$v_{Rd2} = 1{,}6 \cdot v_{Rd1} = 1{,}6 \cdot 175 = 280 \text{ kN/m}$$
$$> v_{Sd} = 266 \text{ kN/m}$$

Schubbewehrung

60°-Aufbiegungen, s. Bild 5.15a

$$\sum A_{sw} = \frac{v_{Sd} - v_{Rd1}}{f_{yd} \cdot \sin\alpha} \cdot u = \frac{0{,}266 - 0{,}175}{435 \cdot 0{,}866} \cdot 3{,}64 \cdot 10^4 = 8{,}8 \text{ cm}^2$$

Die Mindestbewehrung ergibt sich aus Gl. (5.37) mit $\rho_w = 0{,}6 \cdot 0{,}0011$, s. Abschnitt 9.12, Tabelle 9.1

$$\sum A_{sw,min} = \rho_w \cdot (A_{crit} - A_{load}) / \sin\alpha$$
$$= 0{,}6 \cdot 0{,}0011 \cdot (1{,}03 - 0{,}09) \cdot 10^4 / 0{,}866 = 7{,}2 \text{ cm}^2$$

gewählt: $2 \cdot 4 = 8$ Aufbiegungen $\varnothing 12$: 9,0 cm², s. Bild 5.15a.

Mindestmomente

In Bild 5.15c sind die Mindestmomente und die Momente in Querrichtung eingetragen, wie sie sich nach der Streifenmethode [19] ergeben. Bei FEM-Berechnungen kann der Abbau der Momente senkrecht zur Tragrichtung noch ausgeprägter sein, so daß die Mindestmomente in der Regel außerhalb des inneren Gurtstreifens maßgebend sind.

$$m_{Sdx} = m_{Sdy} = \eta \cdot V_{Sd} = -0{,}125 \cdot 968 = -121 \text{kNm/m}$$

$$\text{auf der Breite } 0{,}3 \cdot l_y \text{ bzw. } 0{,}3 \cdot l_x$$

### 5.4.7  Beispiel Fundament

Für das Fundament Pos 6 wird die Sicherheit gegen Durchstanzen nachgewiesen.

Die Stützenlast in Achse G7 beträgt 6812 kN; davon entfallen auf

    ständige Last        3747 kN

    veränderliche Last    3065 kN

Vorab ein Hinweis zum Nachweis der Bodenpressungen, der noch nach DIN 1054 erfolgt. Für den Übergang auf DIN-Normen sind die Gebrauchslasten anzusetzen.

$$3747 / 1{,}35 + 3065 / 1{,}5 = 4819 \ \text{kN}$$

Die Anwendungsrichtlinie [5] gibt dafür in Abschnitt 1.3 pauschal den Teilsicherheitsbeiwert $\gamma_F = 1{,}35$ vor, so daß eine etwas größere Stützenlast anzusetzen wäre.

$$6812 / 1{,}35 = 5046 \ \text{kN}$$

Im vorliegenden Fall steht nichtbindiger Baugrund an; für $zul \ \sigma = 250 \ \text{kN/m}^2$ werden die in Bild 5.16 angegebenen Fundamentabmessungen gewählt.

Betondeckung

Nach [4.1.3.3(8)] gilt für Bauteile, die auf Unterbeton hergestellt werden

    $min \ c = 4{,}0$ cm          $nom \ c = 5{,}0$ cm

Kritischer Rundschnitt

$$d = 1{,}10 - 0{,}05 - 0{,}02 = 1{,}03 \ \text{m}$$

$$u = 4 \cdot 0{,}5 + 2 \cdot \pi \cdot (1{,}5 \cdot 1{,}03) = 11{,}71 \ \text{m}$$

Aufzunehmende Querkraft

Die Abzugsfläche für Bodenpressungen wird mit einer Lastausbreitung von 45° berechnet.

$$\Delta A \ = \ 0{,}5^2 + 4 \cdot 0{,}5 \cdot 1{,}03 + \pi \cdot 1{,}03^2 = 5{,}64 \ \text{m}^2$$

$$V_{Sd,red} = \ V_{Sd} - \sigma_0 \cdot \Delta A$$

$$= \ 6812 - 6812 \cdot 5{,}64 / 4{,}80^2 = 5143 \ \text{kN}$$

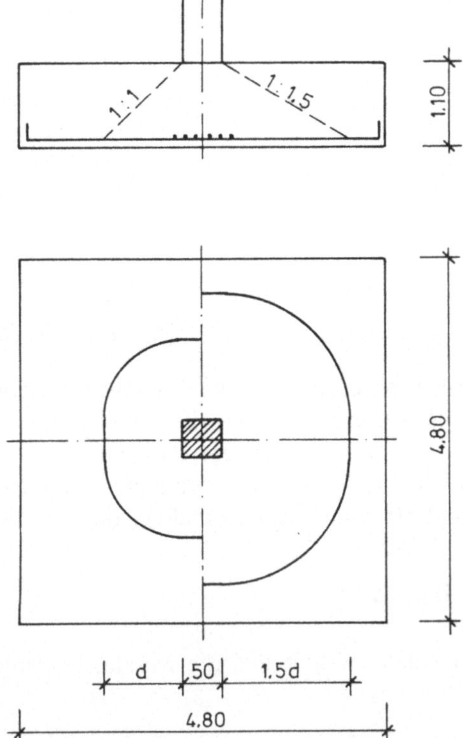


Bild 5.16   Pos 6: Fundament

Beim mittig beanspruchten, quadratischen Fundament ist die Verteilung der Querkraft rotationssymmetrisch, d.h. $\beta = 1{,}0$.

$$v_{Sd,red} = V_{Sd,red} / u = 5143 / 11{,}71 = 439 \text{ kN/m}$$

Vergleichsweise wird die aufzunehmende Querkraft mit einer unter 1:1,5 geneigten Lastausbreitung berechnet.

$$\Delta A = 10{,}84 \text{ m}^2$$

$$V_{Sd,red} = 3603 \text{ kN}$$

$$v_{Sd,red} = 308 \text{ kN/m}$$

Daraus ist zu erkennen, daß die Größe der Abzugsfläche weit mehr als andere Parameter den Durchstanznachweis bestimmt.

Querkrafttragfähigkeit ohne Schubbewehrung

$$v_{Rd1} = \tau_{Rd} \cdot k \cdot (1,2 + 40 \cdot \rho_l) \cdot d$$

$$\tau_{Rd} = 1,2 \cdot 0,28 = 0,34 \, \text{N/mm}^2 \qquad\qquad C30/37$$

$$k = 1,6 - 1,03 \geq 1,0$$

$$\rho_l = 31,4 / (100 \cdot 103) = 0,0031 \qquad\qquad A_{sx} = A_{sy}: \varnothing 20\text{-}10$$

$$v_{Rd1} = 0,34 \cdot 1,0 \cdot (1,2 + 40 \cdot 0,0031) \cdot 1,03 \cdot 10^3 = 464 \ \text{kN/m}$$

$$> v_{Sd,red} = 439 \ \text{kN/m}$$

Es ist keine Schubbewehrung erforderlich. Da die Biegebeanspruchung über die Fundamentbreite ungleichmäßig verteilt ist, kann die Bewehrung zum Rand hin abgestuft werden. Aus Bild 5.16 ist zu erkennen, daß außerhalb des kritischen Rundschnitts in diesem Fall nur relativ schmale Bereiche - beidseitig 60 cm - verbleiben. Zudem ist die Mindestbewehrung einzuhalten, die für alle auf Biegung beanspruchten Bauteile gilt, s. Abschnitt 9.2.1.

$$A_{s,min} = 0,0015 \cdot d = 0,0015 \cdot 103 = 15,8 \ \text{cm}^2/\text{m}$$

Daraus ist zu ersehen, daß bei dicken Bauteilen die Mindestbewehrung durchaus maßgebend werden kann.

Beim Durchstanznachweis wirken sich die unterschiedlichen Bemessungsmodelle EC 2 und DIN 1045 am stärksten aus. Der Einfluß des Bewehrungsgrads auf die Querkrafttragfähigkeit ist bei EC 2 geringer als bei DIN 1045. Das beeinflußt die bisherige Konstruktionspraxis von Fundamenten, bei denen es nach DIN 1045 häufig gelingt, auf Schubbewehrung zu verzichten, indem die Biegebewehrung im vertretbaren Rahmen erhöht wird. Umgekehrt ergibt EC 2 bei niedrigem Bewehrungsgrad - $\rho \approx 0,3 \, \%$ - eine höhere Querkrafttragfähigkeit als DIN 1045.

Bei Flachdecken ergeben sich große Unterschiede für dicke Stützen, z.B. Seitenlänge der Stütze = doppelte Plattendicke. Der kritische Rundschnitt ist nach EC 2 weitaus geringer von der Seitenlänge der Stütze abhängig als nach DIN 1045 - Abstand von Stützenrand 1,5 d gegenüber 0,5 d -. Demzufolge vergrößert sich die Querkrafttragfähigkeit bei Flachdecken mit dicken Stützen nach EC 2 weniger als nach DIN 1045, was die bisherige Konstruktionspraxis, Flachdecken in den unteren Geschossen häufig ohne Schubbewehrung auszuführen, in Frage stellt.

# 6 Nachweise der Gebrauchstauglichkeit

## 6.1 Spannungsbegrenzungen

Hohe Betondruckspannungen können Längsrisse oder Mikrorisse im Beton verursachen. Außerdem ist dann mit überproportionalen Kriechverformungen zu rechnen. Auf der Zugseite können nichtelastische Verformungen des Betonstahls zu großen und ständig offenen Rissen führen. Deshalb sind die Betondruckspannungen und die Stahlspannungen zu begrenzen [4.4.1.1]. Ein Nachweis ist jedoch nur in Ausnahmefällen erforderlich, wozu [20] weitere Angaben enthält.

Tabelle 6.1  Spannungsgrenzen

| Lastkombination | Betonspannung | Stahlspannung |
|---|---|---|
| selten $$G_k + Q_{k,1} + \sum_{i>1} \psi_{0,i} \cdot Q_{k,i}$$ | Umweltklasse 3 und 4 $\leq 0{,}6\, f_{ck}$ <br><br> Vermeidung Längs- / Mikrorisse | $\leq 0{,}8\, f_{yk}$ <br><br> $\leq f_{yk}$ bei Zwang <br><br> Vermeidung zu großer Risse |
| quasi - ständig $$G_k + \sum_{i} \psi_{2,i} \cdot Q_{k,i}$$ | $\leq 0{,}45\, f_{ck}$ <br><br> Vermeidung zu großer Kriechverformungen | |

In der Regel kann ohne weiteren Nachweis davon ausgegangen werden, daß die o.g. Spannungen nicht überschritten werden, wenn folgende Kriterien eingehalten sind:

- die Bemessung erfolgt für den Grenzzustand der Tragfähigkeit nach Abschnitt 5
- im Grenzzustand der Tragfähigkeit sind die nach der Elastizitätstheorie ermittelten Schnittgrößen um nicht mehr als 30% umgelagert
- die bauliche Durchbildung entspricht den Regeln nach Abschnitt 9
- die Mindestbewehrung ist nach Abschnitt 6.2.2 eingehalten

## 6.2  Beschränkung der Rißbreite

### 6.2.1  Allgemeines

Bei Stahlbetonbauten sind Risse in der Zugzone nahezu unvermeidbar. Entscheidend ist, die Rißbildung so zu beschränken, daß die ordnungsgemäße Nutzung des Tragwerks, sein Erscheinungsbild und die Dauerhaftigkeit nicht beeinträchtigt werden.

Wenn keine besonderen Anforderungen gestellt werden, z.B. Wasserundurchlässigkeit, gilt bei Stahlbetonbauteilen, die der Umweltklasse 2 - 4 zuzuordnen sind, [4.4.2.1(6)]:

- Rißbreite $\leq 0{,}3$ mm für

- quasi-ständige Lastkombination

Für die Umweltklasse 1 hat die Rißbreite keinen Einfluß auf die Dauerhaftigkeit, so daß deren Begrenzung großzügiger gehandhabt werden kann.

Zur Begrenzung der Rißbreite sind folgende Maßnahmen erforderlich:

- Anordnung einer Mindestbewehrung bei wesentlicher Zwangbeanspruchung

- Begrenzung des Durchmessers oder der Abstände der Bewehrungsstäbe

Die Berechnung der Rißbreite ist nur in Sonderfällen erforderlich, Angaben hierzu enthält EC 2, Abschnitt 4.4.2.4, weitere Erläuterungen gibt Heft 425 DAfStb [15].

Für die Rissebeschränkung bei Lastbeanspruchung gibt es Konstruktionsregeln, die den maximalen Stabdurchmesser und die maximalen Stababstände in Abhängigkeit von der Stahlspannung angeben, s. Tabelle 6.2. Die gleiche Tabelle dient auch zur Berechnung der Mindestbewehrung. Bei innerem Zwang, z.B. Abfluß der Hydratationswärme, können die Rißbreiten für Rechteckquerschnitte und die erforderliche Bewehrung graphisch ermittelt werden [21].

### 6.2.2  Mindestbewehrung

Die Mindestbewehrung soll die Rißbreite bei Zwangbeanspruchung beschränken. Bei der Berechnung ist nach der Beanspruchungsart zu unterscheiden

- Biegung:
  dreieckförmige Verteilung der Zugspannungen über einen Teil des Querschnitts

- Zug:
Zugspannungen über den ganzen Querschnitt.

Die Mindestbewehrung kann nach folgender Gleichung ermittelt werden [4.4.2.2(3)]:

$$A_s \quad = k_c \cdot k \cdot f_{ct,eff} \cdot A_{ct} \, / \, \sigma_s \tag{6.1}$$

$A_s$ .... Querschnittsfläche der Zugbewehrung

$A_{ct}$ .... Querschnittsfläche der Betonzugzone, d.h. der Teil des Querschnitts, der rechnerisch kurz vor der Erstrißbildung unter Zugbeanspruchung steht

$\sigma_s$ .... Stahlspannung unmittelbar nach der Rißbildung, abhängig vom Stabdurchmesser, s. Tabelle 6.2

$f_{ct,eff}$ .... wirksame Zugfestigkeit des Betons zum Zeitpunkt der Erstrißbildung, z.B. bei Zwang aus Abfluß der Hydratationswärme: Betonfestigkeit nach 3 bis 5 Tagen. Werte für $f_{ct,eff}$ s. Tabelle 3.1. Zugrunde zu legen ist die Festigkeitsklasse, die beim Auftreten der Risse zu erwarten ist.

$k_c$ .... berücksichtigt die Spannungsverteilung bei Erstrißbildung, maßgebend ist die Kombination von Lasten und Zwang
$\quad k_c = 1,0 \quad$ reiner Zug
$\quad k_c = 0,4 \quad$ reine Biegung

$k$ .... berücksichtigt nichtlinear verteilte Eigenspannungen:

a) Zugspannungen infolge im Bauteil selbst hervorgerufenem Zwang, z. B. Abfluß der Hydratationswärme
$\quad k = 0,8 \quad$ allgemein
$\quad k = 0,8 \quad$ Rechteckquerschnitt $h \leq 30$ cm
$\quad k = 0,5 \quad\quad\quad\quad\quad\quad\quad\quad\quad\quad h \geq 80$ cm

b) Zugspannungen infolge außerhalb des Bauteils hervorgerufenem Zwang, z.B. Stützensenkung
$\quad k = 1,0$

Wenn die Zwangschnittgröße kleiner als die Rißschnittgröße ist, d.h. $\sigma_{ct} < f_{ct,eff}$, ist die Mindestbewehrung nur für die maßgebende Zwangschnittgröße anzuordnen. Ein Beispiel dafür sind Sohlplatten, bei denen die Verkürzung infolge Abfluß der Hydratationswärme durch Bodenreibung behindert ist. Es ist möglich, daß die daraus resultierenden Normalkräfte kleiner sind als die Rißschnittgröße.

Gl. (6.1) entspricht im Prinzip den Angaben in Heft 400 DAfStb [22]. Bei dicken Bauteilen ergeben sich danach große Bewehrungsquerschnitte, so daß geprüft werden sollte, ob nicht konstruktive Maßnahmen, z.B. Fugen, oder eine Beeinflussung des Bauablaufs, z.B. längere Ausschalfristen, zweckmäßiger sind.

### 6.2.3  Beschränkung der Rißbreite ohne direkte Berechnung

Im allgemeinen wird die Rißbreite die zulässigen Werte nicht überschreiten, wenn bei Lastbeanspruchung der Durchmesser der Bewehrungsstäbe oder deren Abstände begrenzt werden; bei Zwangbeanspruchung gilt ausschließlich die Durchmesserbegrenzung. Der Tabelle 6.2 liegt eine Rißbreite von 0,3 mm zugrunde; Heft 425 DAfStb [15] enthält Tabellen für kleinere Rißbreiten. Maßgebend ist die Stahlspannung für quasi-ständige Lasten oder bei überwiegendem Zwang die Stahlspannung unmittelbar nach der Rißbildung gemäß Gl. (6.1). Angesichts der Streuungen weist EC 2 ausdrücklich darauf hin, daß gelegentlich Risse mit größerer Breite auftreten können.

Tabelle 6.2  Grenzdurchmesser $\varnothing_s^*$ und Höchstwerte der Stababstände bei Rippenstählen
$w_k = 0{,}3$ mm

| Stahlspannung $[N/mm^2]$ | Grenzdurchmesser $\varnothing_s^*$ $[mm]$ | max. Stababstand | |
|---|---|---|---|
| | | reine Biegung $[mm]$ | reiner Zug $[mm]$ |
| 160 | 32 | 300 | 200 |
| 200 | 25 | 250 | 150 |
| 240 | 20 | 200 | 125 |
| 280 | 16 | 150 | 75 |
| 320 | 12 | 100 | - |
| 360 | 10 | 50 | - |
| 400 | 8 | - | - |
| 450 | 6 | - | - |

Der Grenzdurchmesser darf in Abhängigkeit von der Bauteildicke modifiziert werden, was bei dicken Bauteilen vorteilhaft ist. Bei Zwang ist mit einem verminderten Grenzdurchmesser zu rechnen, wenn die Betonfestigkeit geringer als $f_{ctm}$ = 2,5 N/mm² ist, z.B. bei Abfluß der Hydratationswärme. Der modifizierte Grenzdurchmesser beträgt:

bei Rißbildung infolge Zwang

$$\varnothing_s = \varnothing_s^* \cdot \frac{f_{ctm}}{2,5} \cdot \frac{h}{10 \cdot (h - d)} \geq \varnothing_s^* \cdot \frac{f_{ctm}}{2,5} \tag{6.2a}$$

bei Rißbildung infolge Last

$$\varnothing_s = \varnothing_s^* \cdot \frac{h}{10 \cdot (h - d)} \geq \varnothing_s^* \tag{6.2b}$$

$\varnothing_s$   .... modifizierter Grenzdurchmesser

$\varnothing_s^*$   .... Grundwert des Grenzdurchmessers nach Tabelle 6.2

$h$     .... Bauteildicke

$d$     .... Nutzhöhe


### 6.2.4  Beispiel Flachdecke

Das Kellergeschoß des in Abschnitt 1.5 vorgestellten Gebäudes, s. Bild 1.1 und 1.2, wird als Garage genutzt, so daß die Unterseite der Flachdecke der Umweltklasse 2a - feuchte Umgebung - zuzuordnen ist, während für die Oberseite Umweltklasse 1 - trockene Umgebung - zutrifft.

**Mindestbewehrung**

Durch Abfluß der Hydratationswärme tritt in der Flachdecke zentrischer Zwang auf, weil die Verformung durch angrenzende Bauteile, z.B. Wände, behindert ist. Auch das unterschiedliche Schwinden der Flachdecke und der Kelleraußenwände führt zu Zwangbeanspruchungen. Im folgenden wird die Mindestbewehrung zur Beschränkung der Rißbildung bei Abfluß der Hydratationswärme ermittelt.

$$A_s = k_c \cdot k \cdot f_{ct,eff} \cdot A_{ct} / \sigma_s$$

$$k_c = 0,8 \qquad \text{Beiwert Eigenspannungen für } h \leq 30 \text{ cm}$$

$k$      = 1,0           Beiwert zentrischer Zug

$f_{ct,eff}$  = 1,45 N/mm²   wirksame Zugfestigkeit, gewählt 50% der mittleren Zugfestigkeit $f_{ctm}$ = 2,9 N/mm², Tabelle 3.1

$A_{ct}$    = 0,3 m²       1 m breiter Plattenstreifen

$\sigma_s$    = 280 N/mm²   Tabelle 6.2: $\varnothing_s^{\,*}$ = 16 mm

Der Durchmesser ist zu modifizieren:

$$\varnothing = \varnothing_s^{\,*} \cdot \frac{f_{ct,eff}}{2,5} = 16 \cdot \frac{1,45}{2,5} \approx 10 \ \text{mm}$$

$A_s$    = $\left(0,8 \cdot 1,0 \cdot 1,45 \cdot 0,3 / 280\right) \cdot 10^4 = 12,4$ cm²/m

je Seite $A_s$ = 6,2 cm²/m : $\varnothing$10 - 12,5

Zwang in der o.g. Größenordnung kann sich in Plattenbereichen neben den Wänden einstellen. In den übrigen Bereichen kann davon ausgegangen werden, daß die Beanspruchung infolge Zwang geringer ist als die Rißschnittgröße. Deshalb ist es nicht erforderlich, die o.g. Bewehrung auf der ganzen Fläche einzulegen, insbesondere nicht auf der Oberseite - Umweltklasse 1 -, wo die Rißbreite keinen Einfluß auf die Dauerhaftigkeit hat.

**Rißbreitenbeschränkung für Lastbeanspruchung**

System und Lasten s. Abschnitt 5.4.6

Für quasi-ständige Lasten

$$G_k + \psi_2 \cdot Q_k = \left(7,5 + 1,2\right) + 0,3 \cdot 5,0 = 10,2 \ \text{kN/m}^2$$

$\psi_2$    = 0,3                  Tabelle 2.1, Büroräume

ergibt sich nach dem Näherungsverfahren [19] im Gurtstreifen - Längsrichtung -

$M$     = 37,2 kNm/m

Vorhandene Bewehrung $\varnothing$10 - 10

$A_{s,prov}$ = 7,85 cm²/m

Innerer Hebelarm vereinfacht

$z$     = $0,9 \cdot d = 0,9 \cdot 0,265$ m

$$\sigma_s \quad = \frac{M}{z \cdot A_{s,prov}} = \frac{37{,}2}{0{,}9 \cdot 0{,}265 \cdot 7{,}85} \cdot 10 = 199 \ \text{N/mm}^2$$

Nach Tabelle 6.2 gelten für $\sigma_s = 200$ N/mm² als Grenzwerte

    Durchmesser $\varnothing_s^*$    25 mm

    Stababstand         250 mm

Der Nachweis ist erfüllt, wenn einer der beiden Werte eingehalten wird, was bei der gewählten Bewehrung $\varnothing 10$ - 10 so oder so der Fall ist.

## 6.3  Begrenzung der Durchbiegung

### 6.3.1  Allgemeines

Die Verformungen eines Bauteils oder des Tragwerks dürfen weder die ordnungsgemäße Funktion noch das Erscheinungsbild des Bauteils selbst oder angrenzender Bauteile, z. B. Trennwände oder Außenwandverkleidungen, beeinträchtigen. Im allgemeinen kann von einer hinreichenden Gebrauchstauglichkeit ausgegangen werden, wenn die Durchbiegung von Platten, Balken oder Kragträgern 1/250 der Stützweite nicht überschreitet [4.4.3.1]. Die Verformungen werden für quasi-ständige Lasten berechnet. Überhöhungen sind zulässig, um die Durchbiegung teilweise oder ganz auszugleichen, jedoch sollten die Überhöhungen im allgemeinen 1/250 der Stützweite nicht überschreiten.

Für angrenzende Bauteile sind die Durchbiegungen nach deren Einbau entscheidend. Als Richtwert für die Begrenzung kann 1/500 der Stützweite angenommen werden. Dieser Wert kann herabgesetzt werden, wenn das betroffene Bauteil größere Durchbiegungen verträgt.

In der Regel ist es ausreichend, anstelle einer Durchbiegungsberechnung die Biegeschlankheit - Verhältnis von Stützweite zu Nutzhöhe - zu begrenzen. Für den Fall, daß die Durchbiegung berechnet werden soll, gibt EC 2 im Anhang 4 entsprechende Hinweise. Heft 425 DAfStb [15] erläutert die Vorgehensweise am einfachen Beispiel.

## 6.3.2 Begrenzung der Biegeschlankheit

In der Regel kann davon ausgegangen werden, daß die im vorigen Abschnitt genannten Durchbiegungen nicht überschritten werden, wenn die Biegeschlankheit nach Tabelle 6.3 einschließlich der zugehörigen Korrekturbeiwerte eingehalten ist.

Tabelle 6.3 Grundwert der zulässigen Biegeschlankheit

| Statisches System | Grundwerte $l_{eff}/d$[2]) Betonbeanspruchung gering $\varrho = 0{,}5\%$[1]) | hoch $\varrho = 1{,}5\%$[1]) |
|---|---|---|
| 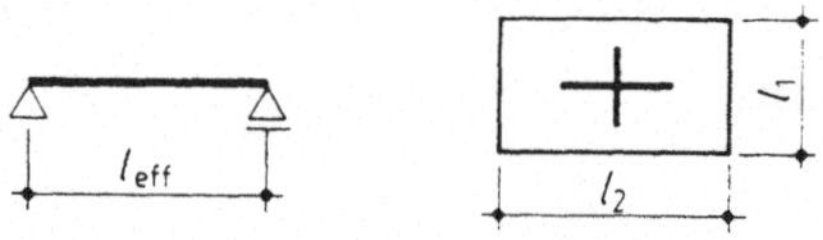 $l_{eff} = l_1 \quad l_1 < l_2$ | 25 | 18 |
| 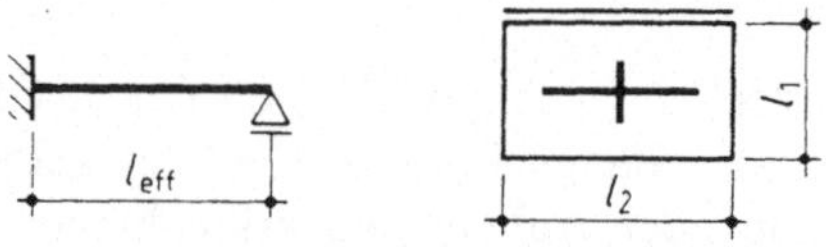 $l_{eff} = l_1 \quad l_1 < l_2$ | 32 | 23 |
| 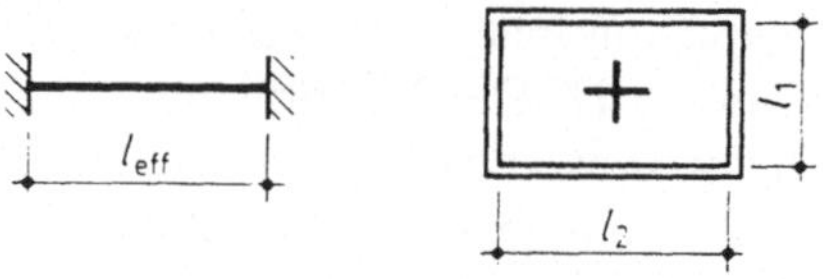 $l_{eff} = l_1 \quad l_1 < l_2$ | 35 | 25 |
| 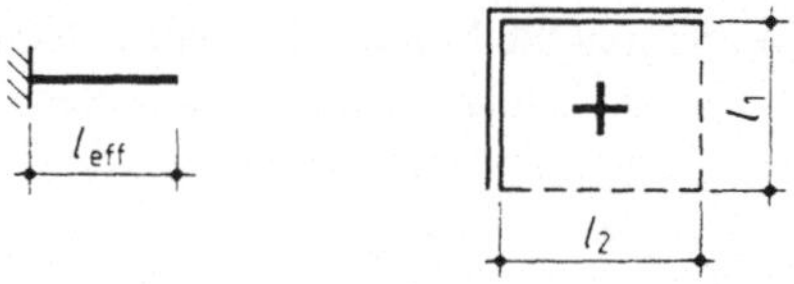 $l_{eff} = l_1 \quad l_1 < l_2$ | 10 | 7 |
| $l_{eff} = l_2$ 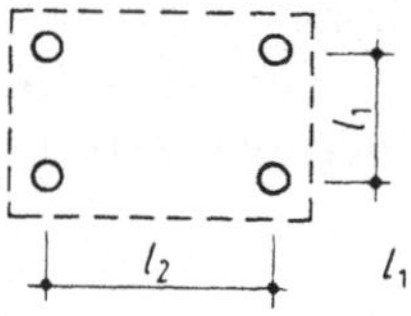 $l_1 < l_2$ | 30 | 21 |

[1]) $\varrho = A_s : b \cdot d$, Zwischenwerte können interpoliert werden
[2]) Werte gelten für: Streckgrenze des Betonstahles $f_{yk} = 400\ \text{N/mm}^2$
Stahlspannung unter häufigen Lasten $\sigma_s = 250\ \text{N/mm}^2$

Die Werte in Tabelle 6.3 sind für eine Stahlspannung unter Gebrauchslasten im Feld von $\sigma_s$ = 250 N/mm² ermittelt, das entspricht ungefähr einem Stahl mit $f_{yk}$ = 400 N/mm². Bei dieser Näherung wird die Stahlspannung unter häufigen Lasten - Kombinationsbeiwert $\psi_1$ - zugrunde gelegt, d.h. ungünstiger als bei der eigentlichen Berechnung der Durchbiegung, die für quasi-ständige Lasten - Kombinationsbeiwert $\psi_2$ - erfolgt.

Bei abweichender Spannung $\sigma_s$ bzw. Streckgrenze $f_{yk}$ sind die Grenzwerte wahlweise mit

$$\frac{250}{\sigma_s} \quad \text{oder} \quad \frac{400}{f_{yk}} \cdot \frac{A_{s,prov}}{A_{s,req}}$$

zu multiplizieren.

$A_{s,prov}$ .... vorhandene Querschnittsfläche der Zugbewehrung

$A_{s,req}$  .... erforderliche Querschnittsfläche der Zugbewehrung

Die Grundwerte sollten außerdem in folgenden Fällen abgemindert werden:

Faktor 0,8        bei Plattenbalken, bei denen das Verhältnis von mitwirkender Breite zu Stegbreite den Wert 3 überschreitet

Faktor $7/l_{eff}$     bei Stützweiten über 7 m und beim Vorhandensein von Trennwänden ($l_{eff}$ in m)

Faktor $8,5/l_{eff}$   bei Flachdecken, bei denen die größere Stützweite 8,5 m überschreitet

Bei Anwendung der Tabelle 6.3 ist zu beachten:

- Bauteile mit geringer Betonbeanspruchung: Bewehrungsgrad $\rho \leq 0{,}5\%$

  mit $\rho = A_s / (b{\cdot}d)$

- Bauteile mit hoher Betonbeanspruchung: $\rho \geq 1{,}5\%$

  für Zwischenwerte kann die Biegeschlankheit interpoliert werden

- zweiachsig gespannte Platten: $l_{eff}$.... kürzere Stützweite

  Flachdecken:                   $l_{eff}$.... größere Stützweite

  gleiche Randbedingungen in x- und y-Richtung vorausgesetzt.

- die Tabelle gilt für Stahlbetonbauteile ohne Längsdruck

- eine Überhöhung ist nicht erfaßt

### 6.3.3  Beispiel Plattenbalken

Für den Zweifeldträger Pos 1.1 wird die Biegeschlankheit nachgewiesen.

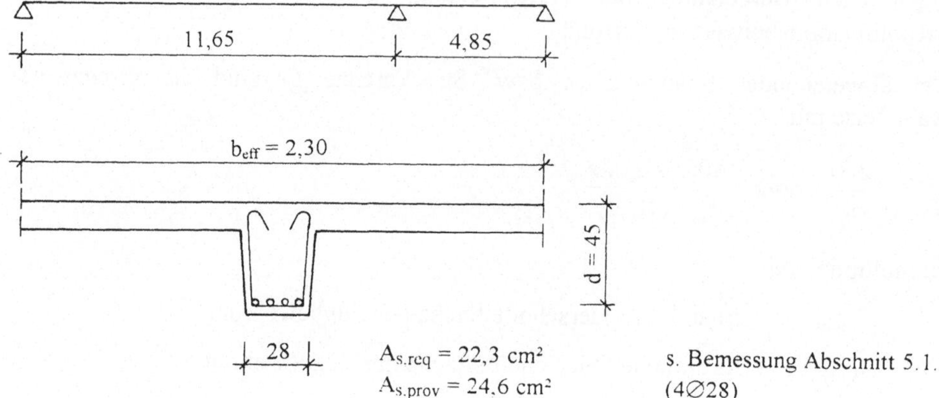


Bild 6.1   Pos 1.1: System, Querschnitt

Bewehrungsgrad

Bei Plattenbalken ist die mitwirkende Plattenbreite - Druckzone - anzusetzen.

$$\rho = A_{s,req} / \left( b_{eff} \cdot d \right) = 22,3 / (230 \cdot 45) = 0,0022$$

$$= 0,22\% < 0,5\%$$

d.h. der Beton ist gering beansprucht

Grundwert der zulässigen Biegeschlankheit
Endfeld eines Durchlaufträgers

$$l_{eff} / d = 32$$

Abminderungsfaktoren

- Plattenbalken : $b_{eff} / b_w$ = 230 / 28 > 3 → 0,8

- Trennwände   : es werden verformungsunempfindliche Trennwände
     vorausgesetzt, damit entfällt der Faktor $7/l_{eff}$

- Stahlspannung / Streckgrenze : $\dfrac{400}{f_{yk}} \cdot \dfrac{A_{s,prov}}{A_{s,req}}$  oder  $\dfrac{250}{\sigma_s}$

Damit beträgt die zulässige Biegeschlankheit

$$\frac{l}{d} = 32 \cdot 0,8 \cdot \frac{400}{500} \cdot \frac{24,6}{22,3} = 22,6 < \frac{11,65}{0,45} = 25,9$$

Der Nachweis ist nicht erfüllt, so daß eine verfeinerte Berechnung mit dem Abminderungsfaktor $250/\sigma_s$ erfolgt.

Unter häufigen Lasten

$$G_k + \psi_1 \cdot Q_k = 13,4 + 0,5 \cdot 12,5 \text{ kN/m}$$

$$\psi_1 \quad = 0,5 \qquad\qquad \text{Tabelle 2.1, Büroräume}$$

ergibt sich das Feldmoment

$$M \quad = 223 \text{ kNm.}$$

Für Gebrauchslasten wird ein linearer Verlauf der Betonspannungen angenommen.

$$x \quad \dots \text{ Höhe der Druckzone}$$

$$x \quad = \frac{n \cdot A_s}{b_{\mathit{eff}}} \cdot \left( -1 + \sqrt{1 + \frac{2 \cdot b_{\mathit{eff}} \cdot d}{n \cdot A_s}} \right) \qquad n = \frac{E_s}{E_c}$$

Näherungsweise kann der Einfluß des Kriechens mit einem wirksamen Elastizitätsmodul $E_{c,\mathit{eff}}$ berücksichtigt werden s. EC 2, Anhang A 4.3.

$$E_{c,\mathit{eff}} = E_{cm} / \left( 1 + \varphi_\infty \right)$$

$$E_{cm} \quad \dots \text{ Elastizitätsmodul, s. Tabelle 3.1}$$

$$\varphi_\infty \quad \dots \text{ Endknickzahl, s. Tabelle 3.2}$$

Gebräuchlich ist der pauschale Ansatz

$$n \quad = E_s / E_c = 15,$$

den EC 2 auch in Zusammenhang mit dem Spannungsnachweis anbietet [4.4.1.2(3)].

$$x \quad = \frac{15 \cdot 24,6}{230} \cdot \left( -1 + \sqrt{1 + \frac{2 \cdot 230 \cdot 45}{15 \cdot 24,6}} \right) = 10,5 \text{ cm}$$

$z$      .... innerer Hebelarm

$z$     $= d - x / 3 = 45 - 10{,}5 / 3 = 41{,}5$ cm

Bei Platten und Plattenbalken liegt der pauschale Ansatz $z = 0{,}9 \cdot d$ in der Regel auf der sicheren Seite.

$$\sigma_s = \frac{M}{z \cdot A_s} = \frac{223}{0{,}415 \cdot 24{,}6} \cdot 10 = 218 \ \text{N/mm}^2$$

$$\frac{l}{d} = 32 \cdot 0{,}8 \cdot \frac{250}{218} = 29{,}4 > \frac{11{,}65}{0{,}45} = 25{,}9$$

Damit ist nachgewiesen, daß die vorhandene Biegeschlankheit den zulässigen Wert einhält. Je kleiner der häufig wirkende Anteil der veränderlichen Lasten ist - Kombinationsbeiwert $\psi_1$ -, desto günstiger ist der Nachweis mit $\sigma_s$.

Die Stahlspannung $\sigma_s$ unter Gebrauchslasten kann stark vereinfacht auch durch Umrechnung des Bemessungszustands ermittelt werden.

$G_d + Q_d$      : Bemessung ergibt $A_{s,req}$ für $f_{yd}$

$G_k + \psi_1 \cdot Q_k$ : $\sigma_s$ berechnen für $A_{s,prov}$

$$\sigma_s \approx \frac{G_k + \psi_1 \cdot Q_k}{G_d + Q_d} \cdot \frac{A_{s,req}}{A_{s,prov}} \cdot f_{yd}$$

$$= \frac{13{,}4 + 0{,}5 \cdot 12{,}5}{1{,}35 \cdot 13{,}4 + 1{,}5 \cdot 12{,}5} \cdot \frac{22{,}3}{24{,}6} \cdot 435 = 210 \ \text{N/mm}^2$$

Die Abweichung zur vorangegangenen Berechnung von $\sigma_s$ ist gering.

Mit dieser Näherung kann die Biegeschlankheit einfach überprüft werden. In vielen Fällen wird man trotz der gegenüber DIN 1045 deutlich reduzierten Biegeschlankheit die bisher üblichen Bauteildicken beibehalten können.

# 7 Tragfähigkeit schlanker Druckglieder / Stabilitätsnachweis

## 7.1 Anwendungsbereich, Grundlagen

Die Tragfähigkeit schlanker Druckglieder wird maßgeblich durch die Verformungen bestimmt - Theorie II. Ordnung -. Die Auswirkungen nach Theorie II. Ordnung müssen immer dann berücksichtigt werden, wenn sie die Tragfähigkeit um mehr als 10 % verringern. Als Entscheidungskriterium dient die Schlankheit des Druckgliedes.

Die Nachweisführung hängt davon ab, ob es sich um

- ausgesteifte oder unausgesteifte Bauwerke
- unverschiebliche oder verschiebliche Systeme

handelt. Definitionsgemäß muß ein aussteifendes Bauteil oder ein System aussteifender Bauteile in der Lage sein, alle horizontalen Lasten abzuleiten. Als unverschieblich gelten Tragwerke, die durch massive Wände oder Bauwerkskerne ausgesteift sind. Sofern nicht eindeutig erkennbar ist, daß die Biegesteifigkeit der aussteifenden Bauteile ausreichend ist, kann mit Hilfe der in EC 2 Anhang 3 angegebenen Kriterien [A 3.2] geprüft werden, ob das Tragwerk unverschieblich ist.

Gebäude sind in der Regel durch Wände hinreichend ausgesteift, so daß jede Stütze für sich betrachtet wird. Bei den meisten Geschoßstützen kann der Stabilitätsnachweis entfallen. Nur bei sehr schlanken Stützen, z.B. Stützen über zwei Geschosse, wird die Tragfähigkeit durch die Auswirkungen nach Theorie II. Ordnung beeinflußt.

Dagegen erfolgt bei Hallenkonstruktionen die Abtragung der horizontalen Lasten häufig allein durch die Stützen. Damit sind Verformungen verbunden, die die Tragfähigkeit der Stützen maßgeblich beeinflussen; es ist ein Nachweis nach Theorie II. Ordnung erforderlich.

Die Standsicherheit eines Gebäudes als Ganzes ist gegeben, wenn alle horizontalen Lasten von den aussteifenden Bauteilen abgetragen werden. Außer den Lasten sind die Auswirkungen von Imperfektionen zu berücksichtigen. Dazu gibt EC 2 die Schiefstellung über die Gebäudehöhe bzw. einzelner Stützen an, mit der die Stabilisierungskräfte für die horizontalen und für die vertikalen aussteifenden Bauteile berechnet werden können [2.5.1.3].

## 7.2  Ersatzlänge, Schlankheit, Ausmitte

In den meisten Fällen reicht es, den Nachweis nach Theorie II. Ordnung für Einzeldruckglieder zu führen:

- einzelne Stütze
  z.B. bei Hallen

- gelenkig oder biegesteif angeschlossene Stützen
  in einem unverschieblichen Tragwerk
  z.B. bei Geschoßbauten

- schlankes aussteifendes Bauteil
  z.B. aussteifender Kern eines Gebäudes

Entscheidend für die Verformungen eines Druckgliedes sind:

- Stablänge

- Stabquerschnitt

- Randbedingungen

Aus der Stablänge und den Randbedingungen wird die Ersatzlänge formuliert.

$$l_0 \;=\; \beta \cdot l_{col} \tag{7.1}$$

$l_0$ .... Ersatzlänge des Einzeldruckgliedes

$l_{col}$ .... Stützenlänge zwischen den ideellen Einspannstellen

Der Beiwert $\beta$ beträgt:

$\beta \leq 1{,}0$       Stabenden unverschieblich

$\beta = 1{,}0$       beide Stabenden gelenkig angeschlossen

$\beta > 1{,}0$       Stützenkopf verschieblich

$\beta = 2{,}0$       starr eingespannte Kragstütze

Für elastisch eingespannte Hochbaustützen kann $\beta$ mit Hilfe des in EC 2 angegebenen Nomogramms bestimmt werden.

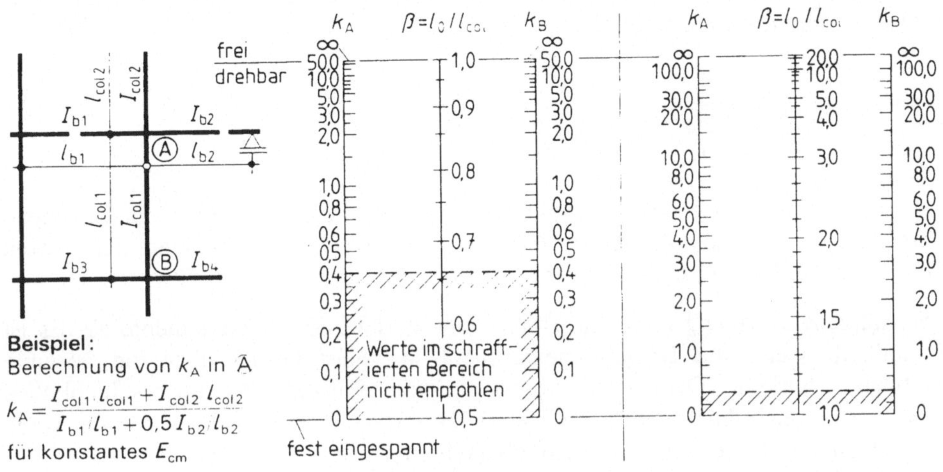



**Beispiel:**

Berechnung von $k_A$ in $\bar{\text{A}}$

$$k_A = \frac{I_{col1} \cdot l_{col1} + I_{col2} \cdot l_{col2}}{I_{b1} \cdot l_{b1} + 0{,}5\, I_{b2} \cdot l_{b2}}$$

für konstantes $E_{cm}$

$$k_A(k_B) = \frac{\sum E_{cm}\, I_{col}/l_{col}}{\sum E_{cm}\, \varkappa\, I_b/l_{eff}}$$

| | |
|---|---|
| $E_{cm}$ | Elastizitätsmodul Beton |
| $I_{col},\ I_b$ | Trägheitsmoment Druckglied, Balken |
| $l_{col}$ | Stützenlänge zwischen den ideellen Einspannstellen |
| $l_{eff}$ | wirksame Stützweite Balken |
| $\varkappa$ | Beiwert zur Berücksichtigung der Einspannung am abliegenden Ende eines Balkens |

$\varkappa = 1{,}0$ abliegende Ende elastisch oder starr eingespannt

$\varkappa = 0{,}5$ abliegende Ende frei drehbar gelagert

$\varkappa = 0$ Kragbalken

Bild 7.1   Nomogramm für die Berechnung der Ersatzlänge

Einzeldruckglieder gelten als schlank, wenn der größere der beiden Werte überschritten ist.

$$\lambda = 25 \tag{7.2a}$$

$$\lambda = 15 / \sqrt{\nu} \tag{7.2b}$$

$$\lambda = l_0 / i \qquad \text{.... Schlankheit}$$

$l_0$ .... Ersatzlänge

$i$ .... Flächenträgheitsradius

$$\nu = N_{Sd} / (A_c \cdot f_{cd}) \qquad \text{.... bezogene Längskraft}$$

Bei geringer Stützenbeanspruchung liefert Gl. (7.2b) den größeren Wert, was folgende Schreibweise verdeutlicht

$$\lambda \;=\; \frac{15}{\sqrt{\dfrac{N_{Sd}}{A_c \cdot f_{cd}}}} \tag{7.2c}$$

Das ist beispielsweise bei Geschoßbauten vorteilhaft, deren Stützen durchgehend den gleichen Querschnitt haben. Die weniger ausgelasteten Stützen der oberen Geschosse sind damit in der Regel als nicht schlank einzustufen.

Die Stützenverformung hängt außerdem vom Verlauf der Biegemomente ab. Es ist vorteilhaft, wenn die Biegemomente nicht in voller Größe über die gesamte Stablänge wirken. Demzufolge brauchen die Stützen bei unverschieblichen Tragwerken auch dann nicht nach Theorie II. Ordnung berechnet zu werden, wenn die Schlankheit folgenden Wert nicht überschreitet:

$$\lambda_{crit} = \; 25 \cdot \left(2 - e_{01} / e_{02}\right) \tag{7.3}$$

$e_{01}, e_{02}$ .... Lastausmitten an den Stützenenden

$$\left| e_{02} \right| \ge \left| e_{01} \right|$$

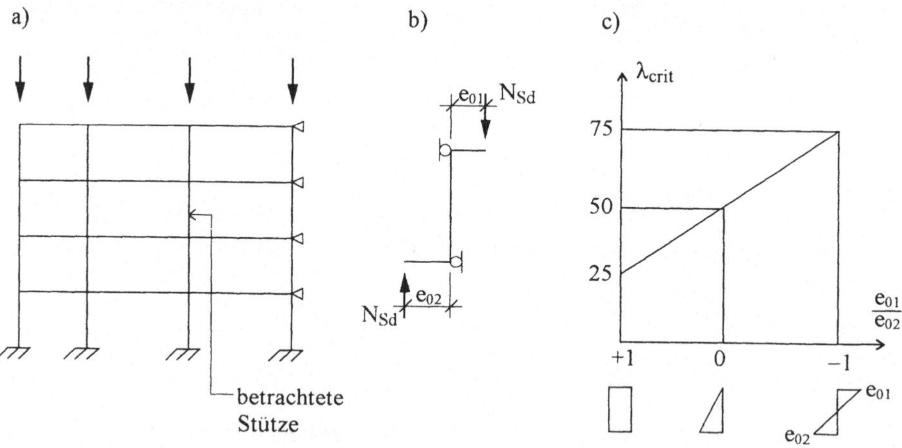


Bild 7.2   Grenzschlankheit von Einzeldruckgliedern in unverschieblichen Tragwerken
       a) Statisches System
       b) Idealisierung der betrachteten Stütze
       c) kritische Schlankheit $\lambda_{crit}$

Aus Bild 7.2 ist zu ersehen, daß beispielsweise bei eingespannten Randstützen in unverschieblichen Tragwerken für $\lambda \leq 62,5$ kein Nachweis nach Theorie II. Ordnung erforderlich ist. Voraussetzung ist, daß die Stütze zwischen ihren Enden nicht durch Querlasten beansprucht wird.

Die Stützen sind jedoch zusätzlich zur aufzunehmenden Längskraft $N_{Sd}$ mindestens für

$$M_{Sd} = N_{Sd} \cdot h / 20 \tag{7.4}$$

zu bemessen.

Diese Regel kann auch auf Innenstützen in ausgesteiften Gebäuden angewendet werden. Für $\lambda \leq 50$ entfällt der Stabilitätsnachweis, s. Bild 7.2. Allerdings ist bei der Bemessung das Biegemoment nach Gl. 7.4 zu berücksichtigen, obgleich planmäßig keine Momentenbeanspruchung vorliegt.

Neben der Beanspruchung durch Lasten sind die Auswirkungen von geometrischen Imperfektionen zu berücksichtigen. Bei Einzeldruckgliedern wird die Lastausmitte der Längskräfte um eine Zusatzausmitte $e_a$ erhöht [4.3.5.4].

$$e_a = v \cdot l_0 / 2 \tag{7.5}$$

$$v = 1/\left(100 \cdot \sqrt{l}\right) \geq 1/200$$

     .... Schiefstellung gegen die Senkrechte

$l$    .... Stützenlänge

$l_0$    .... Ersatzlänge

In vielen Fällen wird sich die Berechnung von $e_a$ erübrigen, weil nach EC 2, Abschnitt 2.5.1.3.(8), die Beanspruchungen aus Imperfektionen vernachlässigt werden dürfen, wenn sie kleiner sind als die Beanspruchungen aus den horizontalen Bemessungskräften.

Kann ein Druckglied nach beiden Richtungen ausknicken, sind getrennte Nachweise nur zulässig, wenn die Beanspruchung in einer Richtung untergeordnet ist. Das trifft für die Ausmitten innerhalb der schraffierten Bereiche in Bild 7.3 zu. Dabei braucht $e_a$ nach Gl. (7.5) nicht berücksichtigt zu werden.

Im Falle $e_z > 0,2 \cdot h$ sind getrennte Nachweise nur dann zulässig, wenn der Nachweis über die schwächere Querschnittsachse nicht mit der vollen Breite $h$ sondern mit einem abgeminderten Wert $h'$ geführt wird, s. Bild 7.4. $h'$ stellt den überdrückten Bereich des Querschnitts in z-Richtung dar [4.3.5.6.4].

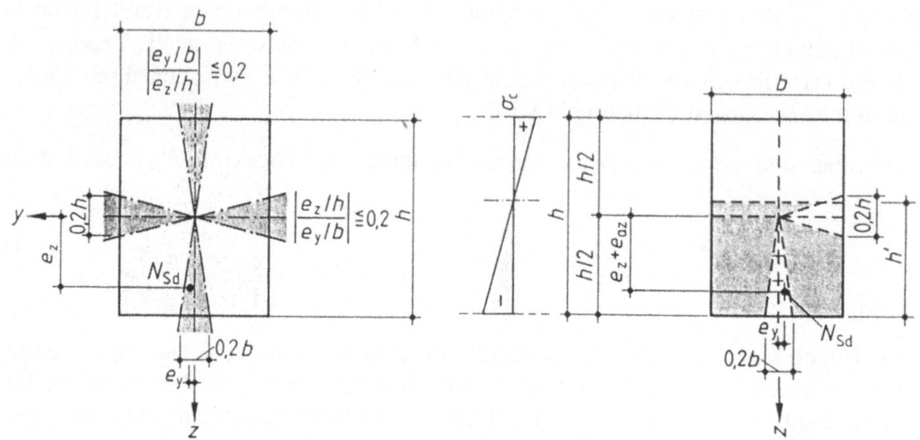

Bild 7.3
Grenzen für getrennte Nachweise

Bild 7.4
Getrennter Nachweis in y-Richtung : $e_z > 0{,}2 \cdot h$

## 7.3  Bemessungshilfsmittel

Auf der Basis des in EC 2 Abschnitt 4.3.5.6 beschriebenen Modellstützenverfahrens wurden Bemessungshilfsmittel entwickelt, die für Druckglieder mit rechteckigem oder rundem Querschnitt für $\lambda \leq 140$ gelten. Wenn die planmäßige Lastausmitte sehr klein ist - $e_0 \geq 0{,}1 \cdot h$ -, liegen die Ergebnisse des Modellstützenverfahrens deutlich auf der sicheren Seite. Die Modellstütze ist eine Kragstütze, die am Stützenfuß eingespannt und am Stützenkopf frei verschieblich ist. Der Querschnitt - Beton und Bewehrung - ist konstant.

Mit den Bemessungshilfsmitteln wird sowohl die Gesamtausmitte $e_{tot}$

$$e_{tot} = e_0 + e_a + e_2 \tag{7.6}$$

$e_0$  ....  Lastausmitte nach Theorie I. Ordnung

$e_a$  ....  ungewollte zusätzliche Ausmitte

$e_2$  ....  Lastausmitte nach Theorie II. Ordnung

als auch die Bewehrung des am meisten beanspruchten Querschnitts ermittelt. In [15], [23] und [24] sind Bemessungshilfsmittel für unterschiedliche Querschnitte angegeben, s. auch Tafel A6a bis A7b.

Zu unterscheiden sind:

- $\mu$ - Nomogramme

- $e/h$ - Diagramme

Beide verwenden als Eingangsparameter:

$\mu_{Sd}$  .... bezogenes Moment bzw.

$e_1 / h$ .... bezogene Lastausmitte, $e_1 = e_0 + e_a$

$\nu_{Sd}$  .... bezogene Längskraft

$l_0 / h$  .... bezogene Stablänge

Die $\mu$-Nomogramme sind einfach zu handhaben, jedoch im Bereich kleiner bezogener Lastausmitten schlecht abzulesen. In diesem Fall sind die $e/h$-Diagramme vorteilhafter. Die Ergebnisse beider Verfahren sind identisch.

Den Bemessungshilfsmitteln liegt ein konstanter Querschnitt zugrunde, d.h. auch die Bewehrung ist über die Stablänge unverändert. Bei gestaffelter Bewehrung können die Bemessungshilfsmittel dennoch angewendet werden, wenn die bezogene Stablänge um 10 % vergrößert wird [15].

Kriechverformungen können bei unverschieblichen Bauwerken normalerweise vernachlässigt werden [A3.4]. Bei verschieblichen Stützen ist es in der Regel erforderlich, Kriechverformungen zu berücksichtigen. Da die kriecherzeugenden Momente $M_{Sd,c}$ unter quasi-ständigen Lasten in der Regel klein sind, kann deren Auswirkung näherungsweise durch Vergrößerung der bezogenen Stablänge erfaßt werden [15].

$$\left(\frac{l_0}{h}\right)_c = \sqrt{1 + \frac{M_{Sd,c}}{M_{Sd}}} \cdot \frac{l_0}{h} \tag{7.7}$$

$M_{Sd,c}$ .... kriecherzeugendes Moment
  quasi-ständige Lasten

$M_{Sd}$ .... Bemessungsmoment
  einschließlich Teilsicherheitsbeiwert

## 7.4  Beispiel Gebäudestützen

Nachgewiesen werden:

- Pos 4:   Innenstütze G7 im Kellergeschoß
- Pos 5:   Randstütze G5 im Erdgeschoß

Das Gebäude ist hinreichend ausgesteift, so daß die Stützen als Einzeldruckglieder behandelt werden können. Zur Vereinfachung bleibt die biegesteife Verbindung der Stützen mit den Balken unberücksichtigt, damit liegt die Ersatzlänge auf der sicheren Seite.

$$l_0 \leq l_{col} = 3{,}50 \text{ m}$$

Schlankheit

Innenstütze

$$b \cdot h = 50 \cdot 50 \text{ cm}$$

$$\lambda \quad = 3{,}50 / (0{,}289 \cdot 0{,}50) = 24{,}2 < 25$$

Randstütze

$$b \cdot h = 50 \cdot 30 \text{ cm}$$

$$\lambda \quad = 3{,}50 / (0{,}289 \cdot 0{,}30) = 40{,}4 > 25$$

$$\lambda_{crit} = 25 \cdot (2 - e_{01} / e_{02}) = 25 \cdot (2 - (-0{,}5)) = 62{,}5$$

Die Randstütze wird an den Stützenenden durch unterschiedlich gerichtete Momente beansprucht, s. Bild 7.5, die mit Hilfe des Ersatzrahmens - Querträger und Randstützen - ermittelt sind, s. Abschnitt 4.4.1, Bild 4.8b. Aus $M_{01} = - M_{02}/2$ folgt bei gleicher Normalkraft $e_{01}/e_{02} = - 0{,}5$.

Für beide Stützen ist kein Nachweis nach Theorie II. Ordnung erforderlich.

Schnittgrößen

Die Bemessungsmomente der Randstütze betragen am Stützenkopf bzw. am Stützenfuß $M_{Sd} = 134$ kNm, s. Bild 7.5. Die Anwendung Gl. (7.4) - kein Nachweis nach Theorie II. Ordnung - ist an ein Mindestmoment gekoppelt.

$$M_{Sd} \geq N_{Sd} \cdot h / 20 = 3057 \cdot 0{,}30 / 20 = 46 \text{ kNm}$$

In diesem Fall ist das o.g. planmäßige Moment größer.

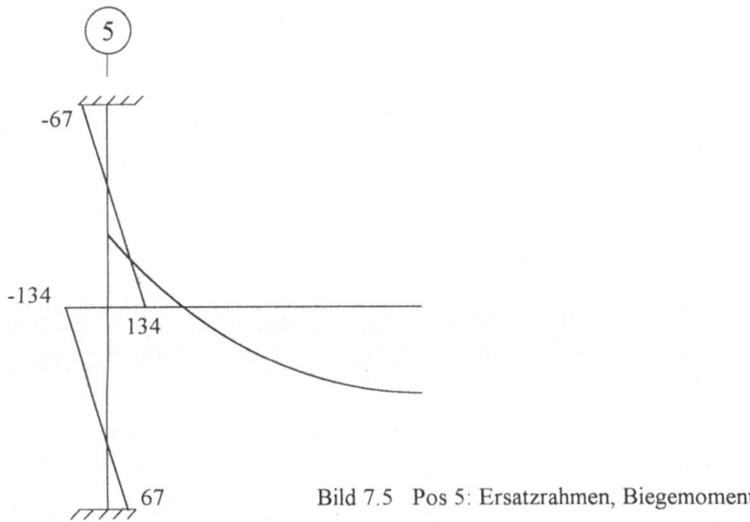


Bild 7.5  Pos 5: Ersatzrahmen, Biegemomente

Bemessung

Diagramme für symmetrische Bewehrung, s. Anhang

Beton        C30/37
Betonstahl   S500

Randstütze

$$nom\,c \; = \; 2,5 \text{ cm}$$

$$d_1 \quad = \; 2,5 + 0,8 + 2,0 / 2 = 4,3 \text{ cm}$$

$$d_1 / h \; = \; 4,3 / 30 = 0,14 \approx 0,15 \qquad\qquad \text{Tafel A3b}$$

Die Innenstütze kann mit der gleichen Tafel bemessen werden, weil die Lage der Bewehrung bei zentrischer Beanspruchung keine Rolle spielt.

Eingangswerte

$$v_{Sd} \; = \; \frac{N_{Sd}}{b \cdot h \cdot f_{cd}} \quad \text{.... bezogene Normalkraft}$$

$$\mu_{Sd} \; = \; \frac{M_{Sd}}{b \cdot h^2 \cdot f_{cd}} \quad \text{.... bezogenes Moment}$$

Bewehrung

$$A_{s,tot} = A_{s1} + A_{s2} = \omega_{tot} \cdot \frac{b \cdot h}{f_{yd} / f_{cd}}$$

Tab 7.1   Pos 4 und 5: Stützenbemessung

| Pos | $b$ | $h$ | $N_{Sd}$ | $M_{Sd}$ | $v_{Sd}$ | $\mu_{Sd}$ | $\omega_{tot}$ | $A_{s,tot}$ |
|-----|-----|-----|------|------|------|------|------|------|
|     | cm  | cm  | kN   | kNm  | -    | -    | -    | cm² |
| 4   | 50  | 50  | -6812 | -    | -1,36 | -    | 0,55 | 63 |
| 5   | 50  | 30  | -3057 | 134  | -1,02 | 0,15 | 0,60 | 41 |

Einzelheiten zur baulichen Durchbildung und Nachweis der Mindestbewehrung
s. Abschnitt 9.3.2

## 7.5   Beispiel Hallenstütze

Die Stützen der dargestellten Halle sind nach Theorie II. Ordnung zu bemessen. Die
Halle ist in Längsrichtung ausgesteift, d.h. die Stützen werden nur in Querrichtung
auf Biegung beansprucht.

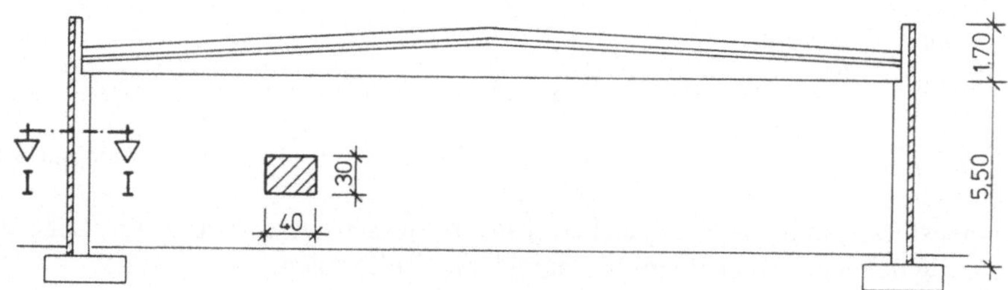


Bild 7.7   Hallenstütze

Schnittgrößen

Es wirken Eigenlast, Schnee und Wind. Mit

$\psi_0 = 0,7$     für Schnee

$\psi_0 = 0,6$     für Wind

ergeben sich folgende Kombinationen, s. Gl.(2.4a):

(1)  $1{,}35 \cdot G_k + 1{,}5 \cdot \left(S_k + 0{,}6 \cdot W_k\right)$

(2)  $1{,}35 \cdot G_k + 1{,}5 \cdot \left(0{,}7 \cdot S_k + W_k\right)$

oder nach der vereinfachten Regel, s. Gl.(2.5)

(3)  $1{,}35 \cdot G_k + 1{,}35 \cdot \left(S_k + W_k\right)$

(4)  $1{,}35 \cdot G_k + 1{,}5 \cdot W_k$

Die charakteristischen Lasten erzeugen am Stützenfuß folgende Schnittgrößen - ohne Teilsicherheitsbeiwert - :

Eigenlast   $N_k = -\,120\ \text{kN}$       $M_k = 0$

Schnee   $N_k = -\,\ 75\ \text{kN}$       $M_k = 0$

Wind   $N_k = 0$         $M_k = \pm\,58\ \text{kNm}$

Bemessung

Der Nachweis erfolgt mit dem $\mu$-Nomogramm, s. Anhang.

Beton         C30/37
Betonstahl   S500

$nom\,c\ = 2{,}5\ \text{cm}$

$d_1\quad = 2{,}5 + 0{,}8 + 2{,}0\,/\,2 = 4{,}3\ \text{cm}$

$d_1\,/\,h\ = 4{,}3\,/\,40 = 0{,}11 \approx 0{,}10$                       Tafel A6b

Ersatzlänge

$l_0\quad = 2 \cdot 5{,}50 = 11{,}00\ \text{m}$

Eingangswerte

$l_0\,/\,h\ = 11{,}00\,/\,0{,}4 = 27{,}5$

$$\nu_{Sd}\ = \frac{N_{Sd}}{A_c \cdot f_{cd}} \qquad\qquad \mu_{Sd}\ = \frac{M_{Sd}}{h \cdot A_c \cdot f_{cd}}$$

Bewehrung                         $A_s\ = \omega \cdot \dfrac{b \cdot h}{f_{yd}\,/\,f_{cd}}$

Tab 7.2  Hallenstütze: Bemessung

| Kombination | $N_{Sd}$ | $M_{Sd}$ | $v_{Sd}$ | $\mu_{Sd}$ | $\omega$ | $A_s$ |
|:---:|:---:|:---:|:---:|:---:|:---:|:---:|
| | kN | kNm | - | - | - | cm² |
| (1) | -275 | 52 | -0,115 | 0,054 | 0,13 | 7,2 |
| (2) | -241 | 87 | -0,100 | 0,091 | 0,22 | 12,1 |
| (3) | -264 | 78 | -0,110 | 0,081 | 0,20 | 11,0 |
| (4) | -162 | 87 | -0,068 | 0,091 | 0,21 | 11,6 |

Bei aufwendigen Systemen sollte die Anzahl der Kombinationen begrenzt werden. Es stellt sich die Frage, ob sich eine Veränderung von $N_{Sd}$ oder von $M_{Sd}$ ungünstig auswirkt. Quast [23] demonstriert, wie man mit Hilfe des μ-Nomogramms erkennen kann, welche Lastkombination am ungünstigsten ist.

Für den Nachweis des Fundaments ist das Moment nach Theorie II. Ordnung am Stützenfuß erforderlich. Dazu wird im Nomogramm der maßgebende Schnittpunkt der ω-Linie mit der $v_{Sd}$-Linie mit dem Fußpunkt der rechten Leiter - $l_0/h$ < 4,3 - verbunden, s. gestrichelte Linie (4) in den Erläuterungen Tafel A6b. Die Verlängerung ergibt auf der Ordinate

$$tot\ \mu_{Sd} \ = \ 0,13$$

$$tot\ M_{Sd} \ = \ N_{Sd} \cdot \left(e_0 + e_a + e_2\right)$$

$$tot\ M_{Sd} \ = \ tot\ \mu_{Sd} \cdot h \cdot A_c \cdot f_{cd}$$

$$= \ 0,13 \cdot 0,40 \cdot 0,30 \cdot 0,40 \cdot 20 \cdot 10^3 = 125 \ \text{kNm}$$

Kriechverformungen ergeben sich bei ständig wirkenden, ausmittigen Lasten. In diesem Beispiel wird davon ausgegangen, daß die ständigen Lasten planmäßig zentrisch wirken. Zu berücksichtigen wären die Kriechverformungen infolge ungewollter Ausmitte. EC 2 enthält jedoch die günstige Regelung, daß die Beanspruchungen aus Imperfektionen vernachlässigt werden dürfen, wenn sie kleiner sind als die Beanspruchungen aus den horizontalen Bemessungskräften, z.B. Wind, [2.5.1.3(8)]. Demzufolge brauchen Kriechverformungen in diesem Beispiel nicht berücksichtigt zu werden.

# 8 Bewehrungsregeln

## 8.1 Allgemeine Bewehrungsregeln

Die folgenden Regelungen beziehen sich auf

- gerippte Stäbe mit der Streckgrenze
  $f_{yk} = 500$ N/mm²

- BSt 500 nach Tabelle 3.4 bzw. S500 nach europäischer Bezeichnung.

Sie gelten für Durchmesser bis 32 mm, darüber hinaus sind zusätzliche Regeln gemäß EC 2 Abschnitt 5.2.6 zu beachten.

Der gegenseitige Stababstand muß ausreichend groß sein, damit der Beton ordnungsgemäß eingebracht und verdichtet werden kann. Um zugleich den Verbund sicherzustellen, gilt:

$$\text{lichter Stababstand} \geq \varnothing \geq 20 \text{ mm}$$

Bei mehreren Lagen sollten die Stäbe stets senkrecht übereinander liegen. Gestoßene Stäbe dürfen sich innerhalb der Übergreifungslänge berühren.

Der Biegerollendurchmesser eines Stabes ist so festzulegen, daß Betonabplatzungen oder Zerstörungen des Betongefüges im Krümmungsbereich sowie Risse im Bewehrungsstab infolge des Biegens ausgeschlossen werden. Die Mindestwerte für Rippenstäbe sind in Tabelle 8.1 angegeben.

Tabelle 8.1  Mindestwerte der Biegerollendurchmesser

| Haken, Winkelhaken, Schlaufen | | Schrägstäbe oder andere gekrümmte Stäbe | | |
|---|---|---|---|---|
| Stabdurchmesser | | Mindestwerte der Betondeckung senkrecht zur Krümmungsebene | | |
| $\varnothing < 20$mm | $\varnothing \geq 20$ mm | $> 100$ mm<br>$> 7\,\varnothing$ | $> 50$ mm<br>$> 3\,\varnothing$ | $\leq 50$ mm<br>$\leq 3\,\varnothing$ |
| $4\,\varnothing$ | $7\,\varnothing$ | $10\,\varnothing$ | $15\,\varnothing$ | $20\,\varnothing$ |

Tabelle 8.1 kann auch für Betonstahlmatten angewendet werden, wenn die Schweißung außerhalb des Biegebereichs liegt - Abstand zwischen Krümmungsbeginn und Schweißstelle $\geq 4\ \varnothing$ - [5.2.1.2]. Andernfalls beträgt der Mindestwert des Biegerollendurchmessers $20\ \varnothing$.

Stabbündel bestehen in der Regel aus zwei oder drei Einzelstäben gleichen Durchmessers. Im Prinzip gelten die Regeln für Einzelstäbe auch für Stabbündel. Dabei wird das Stabbündel durch einen Einzelstab mit gleicher Querschnittsfläche ersetzt, d.h. es wird ein Vergleichsdurchmesser $\varnothing_n$ zugrunde gelegt [5.2.7.1].

$$\varnothing_n \;=\; \varnothing \cdot \sqrt{n_b} \leq 55\ \text{mm} \tag{8.1}$$

$n_b$    .... Anzahl der Bewehrungsstäbe eines Stabbündels

$\qquad n_b \leq 3$

$\qquad n_b \leq 4$ für lotrechte auf Druck beanspruchte Stäbe

Die Mindestbetondeckung beträgt $min\ c = \varnothing_n$. Für Verankerungen und Übergreifungsstöße von Stabbündeln sind ergänzende Regelungen gemäß EC 2 Abschnitt 5.2.7.2 zu beachten.


## 8.2  Verbund


### 8.2.1  Verbundbedingungen, Verbundspannung

Die Güte des Verbundes hängt vor allem von der Lage der Bewehrung während des Betonierens ab [5.2.2.1]. Die Einteilung in

• gute Verbundbedingungen

• mäßige Verbundbedingungen

erfolgt nach Bild 8.1.

Die Grundwerte der Verbundspannung $f_{bd}$ sind für gute Verbundbedingungen in Tabelle 8.2 angegeben. Für mäßige Verbundbedingungen sind sie mit dem Faktor 0,7 zu multiplizieren [5.2.2.2]. Die Werte $f_{bd}$ enthalten den Teilsicherheitsbeiwert $\gamma_c = 1{,}5$.

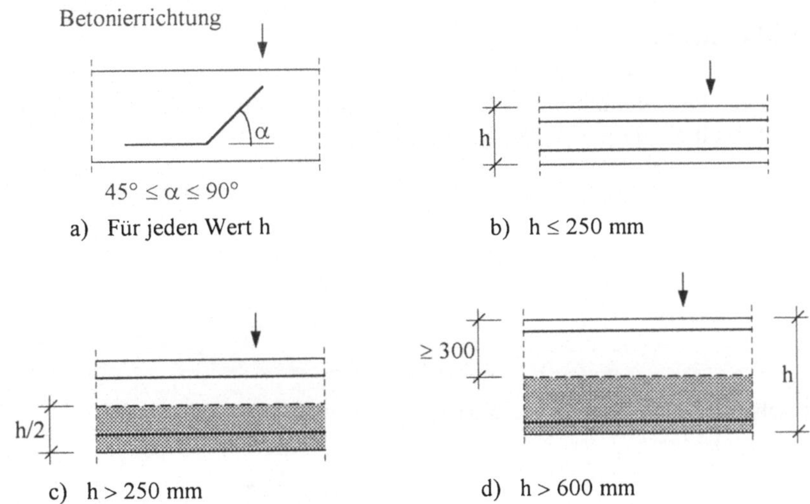


Bild 8.1  Festlegung der Verbundbedingungen
a) und b) gute Verbundbedingungen für alle Stäbe
c) und d) Stäbe im schraffierten Bereich: gute Verbundbedingungen
Stäbe im nicht schraffierten Bereich: mäßige Verbundbedingungen

Tabelle 8.2  Bemessungswert der Verbundspannung $f_{bd}$ [N/mm²]
gute Verbundbedingungen

| $f_{ck}$ | 12 | 16 | 20 | 25 | 30 | 35 | 40 | 45 | ≥ 50 |
|---|---|---|---|---|---|---|---|---|---|
| $f_{bd}$ | 1,6 | 2,0 | 2,3 | 2,7 | 3,0 | 3,4 | 3,7 | 4,0 | 4,3 |

Wenn Querdruck wirkt, dürfen die Werte der Tabelle 8.2 mit dem Faktor

$$1/(1 - 0,04 \cdot p) \le 1,4 \tag{8.2}$$

$p$    .... mittlerer Querdruck im Verankerungsbereich

erhöht werden [5.2.2.2(3)].

Diese Erhöhung darf nicht bei der Ermittlung der Verankerungslänge an Endauflagern angesetzt werden, weil die günstige Wirkung der Querpressung bei direkter Lagerung bereits im Faktor 2/3 enthalten ist, s. Abschnitt 9.1.1.

## 8.2.2  Verankerungen

Die gebräuchlichsten Verankerungsarten zeigt Bild 8.2. Für Druckbewehrungen ist von Haken, Winkelhaken oder Schlaufen abzuraten.

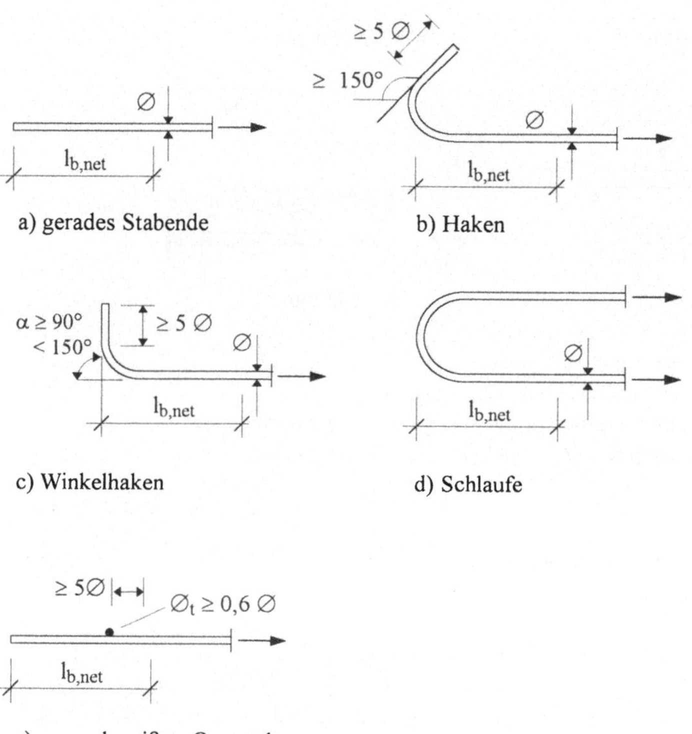



Bild 8.2   Verankerungsarten von Betonstahl

Das Grundmaß der Verankerungslänge $l_b$ ist die Länge eines geraden Stabes, die zur Verankerung der Kraft $F_s = A_s \cdot f_{yd}$ bei Annahme einer konstanten Verbundspannung $f_{bd}$ erforderlich ist [5.2.2.3].

$$l_b = \frac{\varnothing}{4} \cdot \frac{f_{yd}}{f_{bd}} \tag{8.3}$$

Für Betonstahlmatten mit Doppelstäben ist der Vergleichsdurchmesser $\varnothing_n = \varnothing \cdot \sqrt{2}$ einzusetzen.

Tafel A8, s. Anhang, gibt das Grundmaß der Verankerungslänge in Abhängigkeit von Stabdurchmesser und Betonfestigkeitsklasse für gute und für mäßige Verbundbedingungen an. Im Vergleich zur bisherigen Praxis ergibt EC 2 bei guten Verbundbedingungen ein um ca. 15% vergrößertes Grundmaß der Verankerungslänge, während es bei mäßigen Verbundbedingungen um ca. 15% kürzer ist.

Die erforderliche Verankerungslänge $l_{b,net}$ berücksichtigt die Verankerungsart, s. Bild 8.2, und die Beanspruchung der Bewehrung [5.2.3.4.1].

$$l_{b,net} = \alpha_a \cdot l_b \cdot \frac{A_{s,req}}{A_{s,prov}} \tag{8.4}$$

$l_b$ .... Grundmaß der Verankerungslänge

$l_{b,min}$ .... Mindestwert der Verankerungslänge

$A_{s,req}$ .... erforderlicher Bewehrungsquerschnitt

$A_{s,prov}$ .... vorhandener Bewehrungsquerschnitt

$\alpha_a$ .... Beiwert zur Berücksichtigung der Wirksamkeit der Verankerung

$\quad\quad \alpha_a = 1$  für gerade Stäbe

$\quad\quad \alpha_a = 0{,}7$ für gekrümmte, auf Zug beanspruchte Stäbe, s. Bild 8.2

$\quad\quad$ Betondeckung rechtwinklig zur Krümmungsebene $\geq 3\varnothing$

Der Mindestwert der Verankerungslänge beträgt

für Zugstäbe

$$l_{b,min} = 0{,}3 \cdot l_b \geq 10\varnothing \geq 100 \text{ mm} \tag{8.5a}$$

für Druckstäbe

$$l_{b,min} = 0{,}6 \cdot l_b \geq 10\varnothing \geq 100 \text{ mm} \tag{8.5b}$$

Beispiel s. Abschnitt 9.1.5.

Im Verankerungsbereich ist eine Querbewehrung erforderlich, deren Querschnittsfläche mindestens 25% der Fläche eines verankerten Längsstabes entspricht [5.2.2.3]. Baupraktisch ist das in der Regel erfüllt.

Die Verankerungslänge nach Gl. (8.4) gilt auch für Betonstahlmatten. Sie darf auf 70% abgemindert werden, wenn mindestens ein Querstab im Verankerungsbereich vorhanden ist, s. Bild 8.2.

Bügel und Schubbewehrungen sind mit Hilfe von Haken, Winkelhaken oder durch
angeschweißte Querbewehrung entsprechend Bild 8.3 zu verankern.

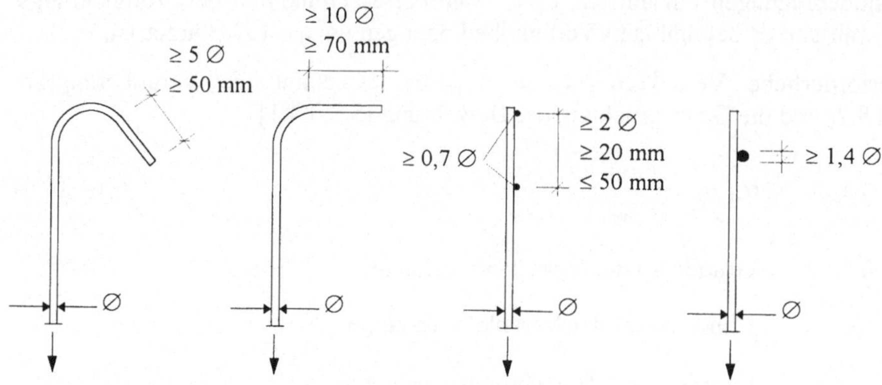

Bild 8.3   Verankerung von Bügeln

## 8.3  Stöße

### 8.3.1  Allgemeine Anforderungen

Der Bewehrungsstoß erfolgt meistens durch Übergreifen der Stäbe mit geraden
Stabenden. Bei Betonstahlmatten wird die günstige Wirkung der Querstäbe berücksichtigt. Es ist zweckmäßig, Übergreifungsstöße versetzt anzuordnen und sie nicht
in kritische oder hochbeanspruchte Bereiche zu legen.

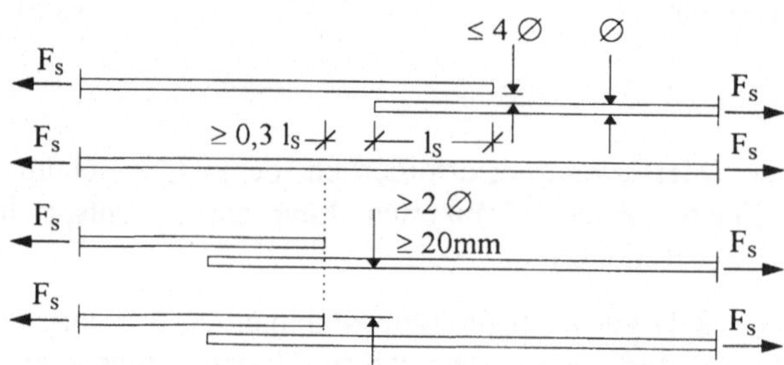

Bild 8.4   Benachbarte Stöße

Die lichten Stababstände sind in Bild 8.4 dargestellt [5.2.4.1.1]. Innerhalb der Übergreifungslänge dürfen sich die Stäbe berühren.

Übergreifungsstöße gelten als längsversetzt, wenn der Abstand zwischen den Stoßenden mindestens der 0,3fachen Übergreifungslänge entspricht. Zu beachten ist, daß der lichte Abstand zwischen den Stäben nicht versetzter Stöße auf $2\varnothing$ vergrößert werden muß, s. Bild 8.4.

### 8.3.2  Übergreifungsstöße von Stäben

Die Übergreifungslänge beträgt [5.2.4.1.3]:

$$l_s = l_{b,net} \cdot \alpha_1 \geq l_{s,min} \tag{8.6}$$

$$l_{b,net} = \alpha_a \cdot l_b \cdot \frac{A_{s,req}}{A_{s,prov}} \qquad \text{s. Gl.(8.4)}$$

$$l_{s,min} \geq 0{,}3 \cdot \alpha_a \cdot \alpha_1 \cdot l_b \geq 15\varnothing \geq 200 \text{ mm} \tag{8.7}$$

Der Beiwert $\alpha_1$ beträgt:

$$\alpha_1 = 1 \qquad \text{Druckstöße}$$

Bei Zugstößen ist er vom Stoßanteil und den Stababständen nach Bild 8.5 abhängig.

$$\alpha_1 = 1 \qquad \text{Stoßanteil} \leq 30\% \quad \text{und} \quad a \geq 10\varnothing \quad \text{und} \quad b \geq 5\varnothing$$

$$\alpha_1 = 1{,}4 \qquad \text{Stoßanteil} \leq 30\% \quad \text{und} \quad a < 10\varnothing \quad \text{oder} \quad b < 5\varnothing$$

$$\alpha_1 = 1{,}4 \qquad \text{Stoßanteil} > 30\% \quad \text{und} \quad a \geq 10\varnothing \quad \text{und} \quad b \geq 5\varnothing$$

$$\alpha_1 = 2{,}0 \qquad \text{Stoßanteil} > 30\% \quad \text{und} \quad a < 10\varnothing \quad \text{und} \quad b < 5\varnothing$$

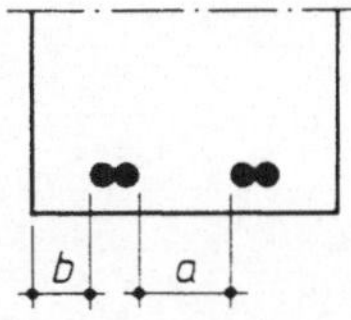


Bild 8.5
Lage der Stöße im Querschnitt

Bei Balken werden in der Regel die Stababstände die vorgenannten Werte $a$ und $b$ unterschreiten, so daß mit $\alpha_1 = 2$ zu rechnen ist.

Querbewehrung

Im Bereich von Übergreifungsstößen ist eine Querbewehrung erforderlich [5.2.4.1.2]. Eine konstruktive Querbewehrung ist in den beiden folgenden Fällen ausreichend:

- gestoßene Stäbe $\varnothing < 16$ mm

- Stoßanteil < 20%

Für Durchmesser $\varnothing \geq 16$ mm oder bei Stoßanteil > 20% werden an die Querbewehrung folgende Anforderungen gestellt:

- Querschnittsfläche

$$\sum A_{st} \geq 1 \cdot A_s$$

    $A_{st}$   .... Gesamtfläche der Querbewehrung im Stoßbereich

    $A_s$   .... Querschnittsfläche eines gestoßenen Stabes

- Anordnung in äußerer Lage, d.h. zwischen Längsbewehrung und Betonoberfläche, bei engen Stababständen - $a < 10\varnothing$ - werden Bügel gefordert, s. Bild 8.5 und 8.6.

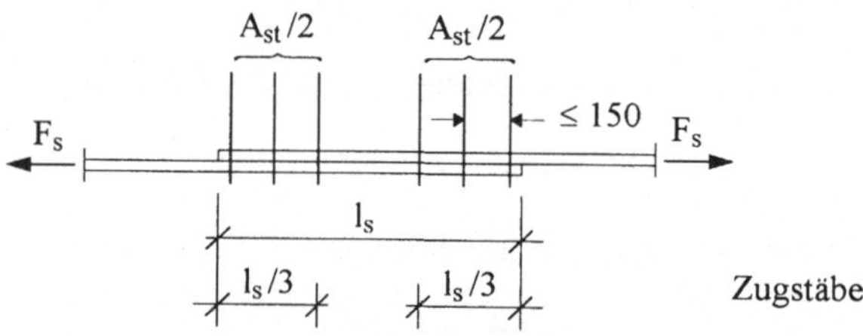


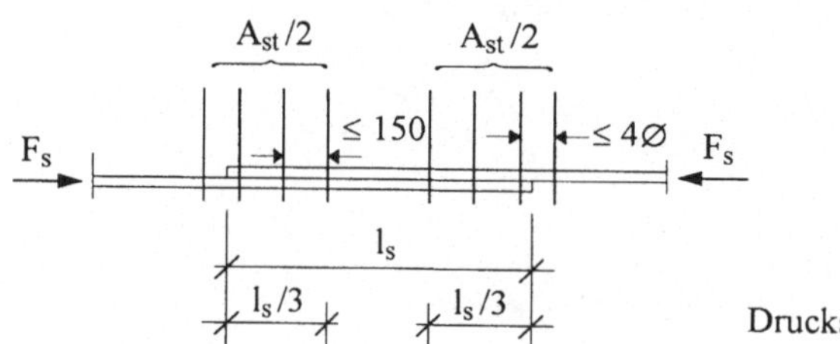


Bild 8.6  Querbewehrung für Übergreifungsstöße

Die Querbewehrung ist je zur Hälfte am Anfang und am Ende des Stoßes anzuordnen, s. Bild 8.6. Wegen der Spaltkräfte bei Druckstößen ist ein Teil der Querbewehrung außerhalb des Stoßes zu legen - Abstand $\leq 4\varnothing$ vom Stabende -. Der erste Bügel kann nach Aussage Heft 425 DAfStb [15] - abweichend von EC 2 , Bild 5.5b - auf die erforderliche Querbewehrung angerechnet werden.

Beispiel s. Abschnitt 9.1.5

### 8.3.3  Stöße von Betonstahlmatten

In der Regel liegen gestoßene Betonstahlmatten übereinander.

- Zwei-Ebenen Stoß

Dafür gelten die folgenden Regelungen [5.2.4.2].

Stöße sind in Bereichen anzuordnen, in denen die Beanspruchung unter seltenen Lastkombinationen nicht mehr als 80% des Bemessungswerts der Tragfähigkeit ausmacht. Der zulässige Stoßanteil hängt vom bezogenen Mattenquerschnitt $A_s / s$ ab.

- Stoßanteil 100% für $A_s / s \leq 1200$ mm²/m

- Stoßanteil 60% für $A_s / s > 1200$ mm²/m

Die Übergreifungslänge beträgt:

$$l_s \quad = \alpha_2 \cdot l_b \cdot \frac{A_{s,req}}{A_{s,prov}} \geq l_{s,min} \tag{8.8}$$

$$l_b \quad = \frac{\varnothing}{4} \cdot \frac{f_{yd}}{f_{bd}} \qquad \text{Grundmaß s. Gl.(8.3)}$$

$$\text{mit } \varnothing = \varnothing \cdot \sqrt{2} \qquad \text{bei Doppelstäben}$$

$$\alpha_2 \quad = 0{,}4 + \frac{A_s / s}{800} \geq 1 \text{ und} \leq 2$$

$$l_{s,min} \quad = 0{,}3 \cdot \alpha_2 \cdot l_b \geq 200 \text{ mm} \geq s_t \tag{8.9}$$

$$s_t \quad \text{.... Abstand der geschweißten Querstäbe}$$

Zusätzliche Querbewehrung ist im Übergreifungsbereich nicht erforderlich.

Die Übergreifungslänge der Querbewehrung richtet sich nach Tabelle 8.3; sie sollte mindestens eine Masche betragen.

Tabelle 8.3   Übergreifungslängen in Querrichtung

| Stabdurchmesser (mm) | | |
|---|---|---|
| $\varnothing \leq 6$ | $6 < \varnothing \leq 8,5$ | $8,5 < \varnothing \leq 12$ |
| $\geq s_l$ | $\geq s_l$ | $\geq s_l$ |
| $\geq 150$ mm | $\geq 250$ mm | $\geq 350$ mm |

$s_l$ .... Abstand der Längsstäbe

# 9 Konstruktionsregeln

## 9.1 Balken

### 9.1.1 Längsbewehrung

**Mindest- und Höchstbewehrung**

Die Zugbewehrung darf bei Betonstahl S500

$$A_{s,min} = 0{,}0015 \cdot b_t \cdot d \tag{9.1}$$

$b_t$ .... mittlere Breite der Zugzone

nicht unterschreiten. Bei Plattenbalken mit gedrücktem Gurt ist für $b_t$ die Stegbreite maßgebend [5.4.2.1.1].

Die Zug- oder Druckbewehrung ist außerhalb der Stoßbereiche auf $A_{s,max} = 0{,}04 \cdot A_c$ begrenzt. Baupraktisch wird dieser Wert äußerst selten erreicht.

Eine rechnerisch nicht berücksichtigte Einspannung an den Endauflagern ist durch eine konstruktive Bewehrung abzudecken. Sie sollte für ein Einspannmoment bemessen werden, das 25% des Feldmoments entspricht [5.4.2.1.2].

**Plattenbalken**

Bei durchlaufenden Plattenbalken darf an Zwischenauflagern die obere Zugbewehrung näherungsweise zu gleichen Teilen auf den inneren und den äußeren Teil des Gurtquerschnitts verteilt werden, s. Bild 9.1.

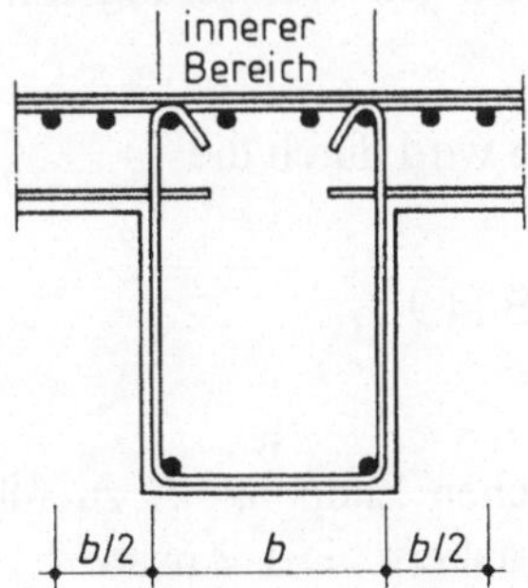


Bild 9.1  Innerer und äußerer Teil eines Plattenbalkens

**Zugkraftdeckung**

Für die Abstufung der Biegezugbewehrung ist die

- Zugkraftlinie $F_s$

maßgebend. Sie ergibt sich aus der Biegezugkraft M/z, deren Verlauf um das

- Versatzmaß $a_l$

verschoben wird, s. Bild 9.2.

Das Versatzmaß ist vom Bemessungsverfahren der Schubbewehrung und deren Neigung abhängig [5.4.2.1.3].

$$a_l = z \cdot (1 - \cot \alpha) / 2 \geq 0 \qquad\qquad (9.2a)$$
$$\text{Schubbewehrung nach Standardverfahren}$$

$$a_l = z \cdot (\cot \vartheta - \cot \alpha) / 2 \geq 0 \qquad\qquad (9.2b)$$
$$\text{Schubbewehrung nach Verfahren mit veränderlicher}$$
$$\text{Druckstrebenneigung}$$

$\alpha$ .... Winkel zwischen Schubbewehrung und Bauteilachse

$\vartheta$ .... Winkel zwischen Betondruckstrebe und Bauteilachse

Für den inneren Hebelarm darf im allgemeinen

$$z = 0{,}9 \cdot d$$

angenommen werden; damit folgt aus Gl. (9.2a)

$$a_l = 0{,}45 \cdot d \qquad\qquad (9.2c)$$
$$\text{für lotrechte Bügel nach dem Standardverfahren}$$

Bei Plattenbalken sollte das Versatzmaß der ausgelagerten Bewehrung um den Abstand der Stäbe vom Steg erhöht werden.

Die aufnehmbare Zugkraft der vorhandenen Bewehrung wird durch die

- Zugkraftdeckungslinie

dargestellt. Sie liegt außerhalb der Zugkraftlinie $F_s$, s. Bild 9.2.

**Verankerungen außerhalb von Auflagern**

Die gestaffelte Zugbewehrung ist über den rechnerischen Endpunkt $E$ zu führen, s. Bild 9.2, und mit $l_{b,net} \geq d$ nach Gl. (8.4) zu verankern. Der Ansatz $l_{b,net}$ ist vorteilhaft, weil darin der Faktor $A_{s,req} / A_{s,prov}$ enthalten ist, so daß sich die Verankerungslänge bei geringer Beanspruchung verkürzt.

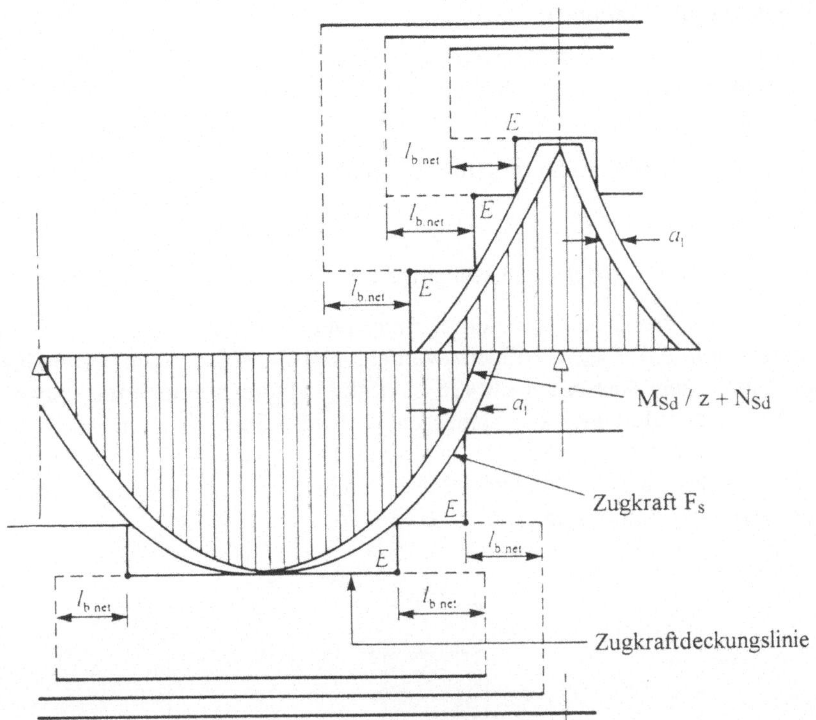



Bild 9.2   Zugkraftdeckungslinie und Verankerungslängen bei biegebeanspruchten Bauteilen

Verglichen mit der bisherigen Konstruktionspraxis reduziert sich die Verankerungslänge der oberen Balkenbewehrung deutlich, einerseits wegen des kürzeren Grundmaßes der Verankerungslänge bei mäßigen Verbundbedingungen, $l_b$, und andererseits wegen des Faktors $A_{s,req} / A_{s,prov}$. Es sollte jedoch bedacht werden, daß bei Ansatz der Momentenumlagerung nicht nur die Größe des Feld- und Stützmoments, sondern auch der Verlauf der Momente verändert wird. Notwendig ist, daß auch für den Zustand vor der Momentenumlagerung eine ausreichende Verankerungslänge vorhanden ist. Deshalb sollte sie umso großzügiger gewählt werden, je mehr der Momentenverlauf für die Bemessung vom elastischen Zustand abweicht.

Schrägstäbe zur Aufnahme von Schubkräften sind mit

$1{,}3 \cdot l_{b,net}$      im Zugbereich

$0{,}7 \cdot l_{b,net}$      im Druckbereich

zu verankern [5.4.2.1.3(3)].

## Verankerungen an Auflagern

Von der Feldbewehrung ist mindestens ein Viertel bis zu den Auflagern zu führen und zu verankern. Das gilt sowohl für Endauflager als auch für Zwischenauflager [5.4.2.1.4 und 5.4.2.1.5].

Am Endauflager ist die Verankerung für die Zugkraft

$$F_s = V_{Sd} \cdot a_l / d + N_{Sd} \tag{9.3}$$

nachzuweisen, wobei $N_{Sd}$ der Bemessungswert der aufzunehmenden Längskraft ist.

Bei direkter Auflagerung darf die Verankerungslänge - gemessen von der Auflagervorderkante - auf 2/3 $l_{b,net}$ verringert werden, s. Bild 9.3a. Auch bei indirekter Lagerung wird nach Aussage Heft 425 DAfStb [15] die Verankerungslänge $l_{b,net}$ von der Auflagervorderkante aus gemessen, s. Bild 9.3b, und nicht wie in EC 2, Bild 5.12b, von der theoretischen Auflagerlinie. Es ist von direkter Lagerung auszugehen, wenn das zu unterstützende Bauteil nicht in die obere Querschnittshälfte des unterstützenden Bauteils eingreift, s. Bild 9.3b.

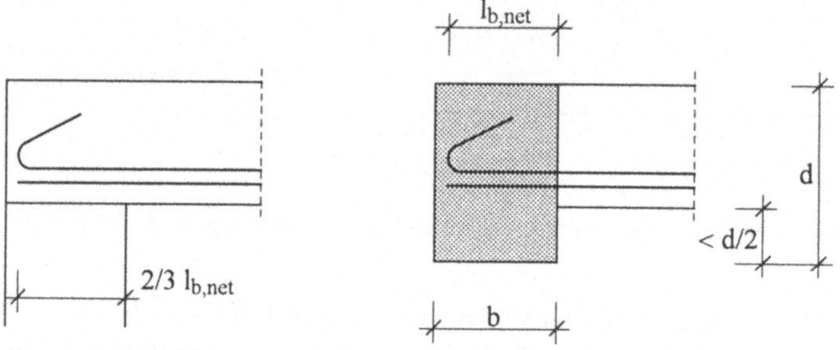

Bild 9.3   Verankerung der Feldbewehrung am Endauflager
           a) direkte Lagerung                b) indirekte Lagerung

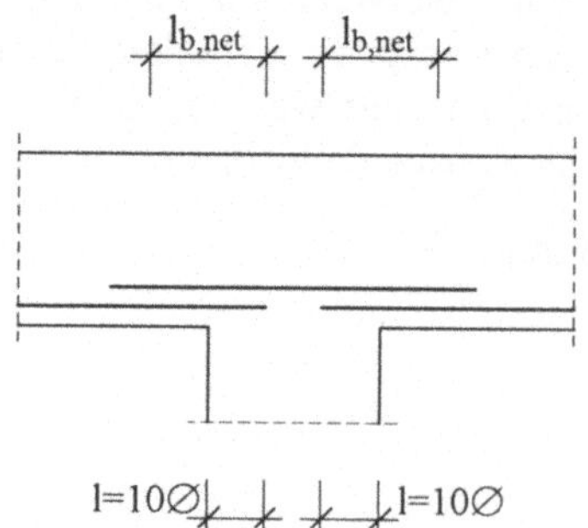

Bild 9.4
Verankerung an Zwischenauflagern

Am Zwischenauflager sollte die Verankerungslänge mindestens 10∅ betragen, s. Bild 9.4. Zusätzlich wird empfohlen, einen Teil der unteren Bewehrung durchlaufen zu lassen, damit positive Momente infolge außergewöhnlicher Beanspruchungen - Auflagersetzungen, Explosionen usw. - aufgenommen werden können.

### 9.1.2  Schubbewehrung

Die Schubbewehrung darf aus einer Kombination folgender Elemente bestehen:

- Bügel, die die Längszugbewehrung und die Druckzone umfassen

- Schrägstäbe

- Schubzulagen in Form von Körben, Leitern usw., die ohne Umschließung der Längsbewehrung verlegt sind, s. Bild 9.5. Sie sollten jedoch ausreichend im Zug- und Druckbereich verankert sein, s. Bild 8.3.

Mindestens 50% der notwendigen Schubbewehrung sind durch Bügel abzudecken [5.4.2.2(4)].

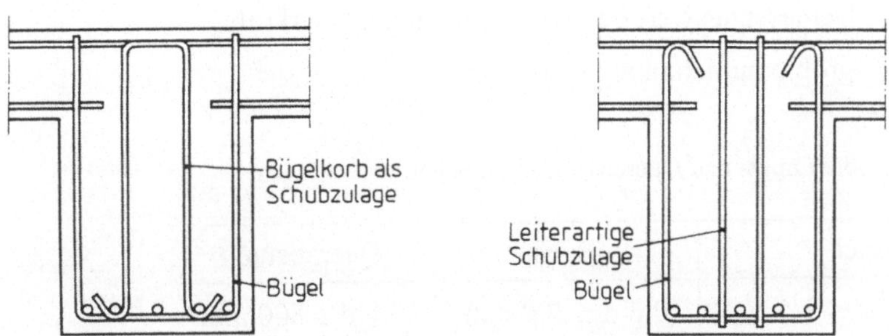


Bild 9.5  Beispiele für Kombinationen von Bügeln und Schubzulagen

**Mindestschubbewehrung**

Es ist eine Mindestschubbewehrung erforderlich, Kriterium ist der Schubbewehrungsgrad $\rho_w$

$$\rho_w \;=\; A_{sw}\,/\,\left(s\cdot b_w\cdot\sin\alpha\right) \tag{9.4}$$

$A_{sw}$  .... Querschnittsfläche der Schubbewehrung je Länge $s$

$s$  .... Abstand der Schubbewehrung in Längsrichtung

$b_w$ .... Stegbreite

$\alpha$ ....Winkel zwischen Schub- und Hauptbewehrung,
z. B. für senkrechte Bügel: $\alpha = 90°$, $\sin\alpha = 1$

Die Mindestwerte von $\rho_w$ sind für Betonstahl S500 in Tabelle 9.1 angegeben.

| Betonfestigkeitsklasse | $\rho_w$ |
|---|---|
| C12/15 und C20/25 | 0,0007 |
| C25/30 bis C35/45 | 0,0011 |
| C40/50 bis C50/60 | 0,0013 |

Tabelle 9.1   Mindestwerte $\rho_w$

**Bügelabstände**

Der größte Längs- und Querabstand aufeinanderfolgender Bügel oder anderer Schubbewehrungen ist vom Verhältnis $V_{Sd}$ / $V_{Rd2}$ abhängig [5.4.2.2(7)], s. Tabelle 9.2.

$V_{Sd}$ .... Bemessungswert der aufzunehmenden Querkraft

$V_{Rd2}$ .... größte aufnehmbare Querkraft

Tabelle 9.2   Größte Längs- und Querabstände von Schubbewehrungen

| Bereich | Längsabstand | Querabstand |
|---|---|---|
| $V_{Sd} \leq 1/5\ V_{Rd2}$ | 0,8 d $\leq$ 300 mm | d $\leq$ 800 mm |
| $1/5\ V_{Rd2} < V_{Sd} \leq 2/3\ V_{Rd2}$ | 0,6 d $\leq$ 300 mm | 0,6 d $\leq$ 300 mm |
| $V_{Sd} > 2/3\ V_{Rd2}$ | 0,3 d $\leq$ 200 mm | 0,3 d $\leq$ 200 mm |

Die Höchstwerte des Querabstands in Tabelle 9.2, Zeile 2 und 3, stellen eine gravierende Veränderung der bisherigen Bemessungspraxis dar. Demzufolge sind selbst bei 40 cm breiten Stegen zweischnittige Bügel nicht mehr ausreichend. Hierzu ist im Zuge der Überarbeitung eine Korrektur zu erwarten, vergleiche Entwurf DIN 1045 [3].

Der größte Längsabstand von Schrägstäben beträgt:

$$s_{max} \leq 0{,}6 \cdot d \cdot (1 + \cot\alpha) \tag{9.5}$$

### 9.1.3 Torsionsbewehrung

Als Torsionsbewehrung wird ein rechtwinkliges Bewehrungsnetz aus Bügeln und Längsstäben verwendet. Die Bügel bilden mit der Bauteilachse einen Winkel von 90°.

Die Torsionsbügel sind durch Übergreifen zu schließen oder mit Winkelhaken nach Bild 8.3a zu verankern. Der Längsabstand sollte weder $u_k$ / 8 - $u_k$ .... Umfang des Kernquerschnitts, s. Bild 5.10 - noch die in Tabelle 9.2 angegebenen Werte überschreiten.

In jeder Querschnittsecke ist ein Längsstab anzuordnen. Die anderen Längsstäbe sind über den Umfang gleichmäßig zu verteilen, und zwar in einem Abstand von höchstens 350 mm.

### 9.1.4 Anschluß von Nebenträgern

Im Kreuzungsbereich von Haupt- und Nebenträgern muß eine Aufhängebewehrung vorhanden sein, die für die gesamte Auflagerkraft des Nebenträgers zu bemessen ist.

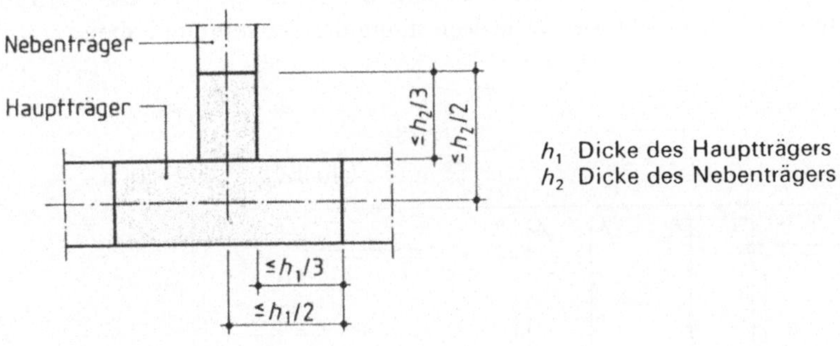


Bild 9.6   Kreuzungsbereich bei Anschluß von Nebenträgern

Die Aufhängebewehrung sollte vorzugsweise aus Bügeln bestehen, die die Biegebewehrung des Hauptträgers umfassen. [5.4.8.3]. Einige Bügel dürfen außerhalb des Kreuzungsbereichs angeordnet werden, s. Bild 9.6.

### 9.1.5  Beispiel Plattenbalken

Für das Mittelfeld des Fünffeldträgers Pos 2 wird die Bewehrungsführung festgelegt.

Bemessung für Biegung s. Abschnitt 5.1.4
Bemessung für Querkraft s. Abschnitt 5.2.6

Biegebewehrung

Die gewählte Feldbewehrung (7⌀28) liegt eindeutig innerhalb der unteren und der oberen Grenze.

$$min\ A_s = 0{,}0015 \cdot b_t \cdot d = 0{,}0015 \cdot 60 \cdot 50 = 4{,}5\ cm^2$$

$$max\ A_s = 0{,}04 \cdot A_c = 0{,}04 \cdot 60 \cdot 50 = 132\ cm^2$$

Die Bewehrung zur Abdeckung der Stützmomente wird auf den Steg und die Gurte verteilt. Entsprechend der üblichen Praxis richtet sich der Durchmesser der ausgelagerten Stäbe nach der Gurtdicke - $\varnothing \approx h_f / 10$ -; im Beispiel wird $\varnothing 12$ gewählt.

Andererseits wird als Verteilungsbreite die halbe Stegbreite vorgegeben, s. Bild 9.1, so daß in den Gurten weniger als die Hälfte der gesamten Querschnittsfläche der Zugbewehrung liegt, s. Bild 9.7. Nach Ansicht des Verfassers ist das vertretbar. Vorrang sollte eine konstruktiv sinnvolle Verteilung der Bewehrung haben.

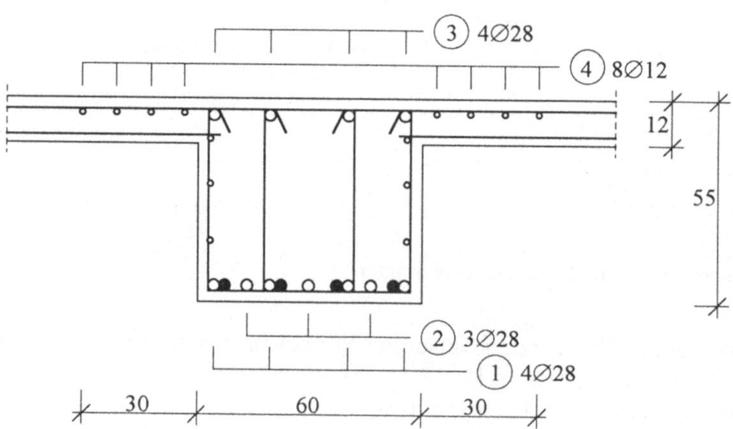


Bild 9.7  Pos 2: Bewehrung im Querschnitt - Stützbereich

Zugkraftdeckung

Die Längsbewehrung wird mit Hilfe der Zugkraftdeckungslinie nach Bild 9.2 abgestuft. Das Versatzmaß beträgt bei Schubbemessung nach dem Standardverfahren und der Anordnung lotrechter Bügel

$$a_l \quad = 0{,}45 \cdot d = 22 \text{ cm} \qquad\qquad \text{s. Gl. (9.2c)}$$

Die Zulagen sind über den rechnerischen Endpunkt mit

$$l_{b,net} \quad = \alpha_a \cdot l_b \cdot A_{s,req} \,/\, A_{s,prov} \geq l_{b,min} \geq d$$

nach Gl. (8.4) zu verankern.

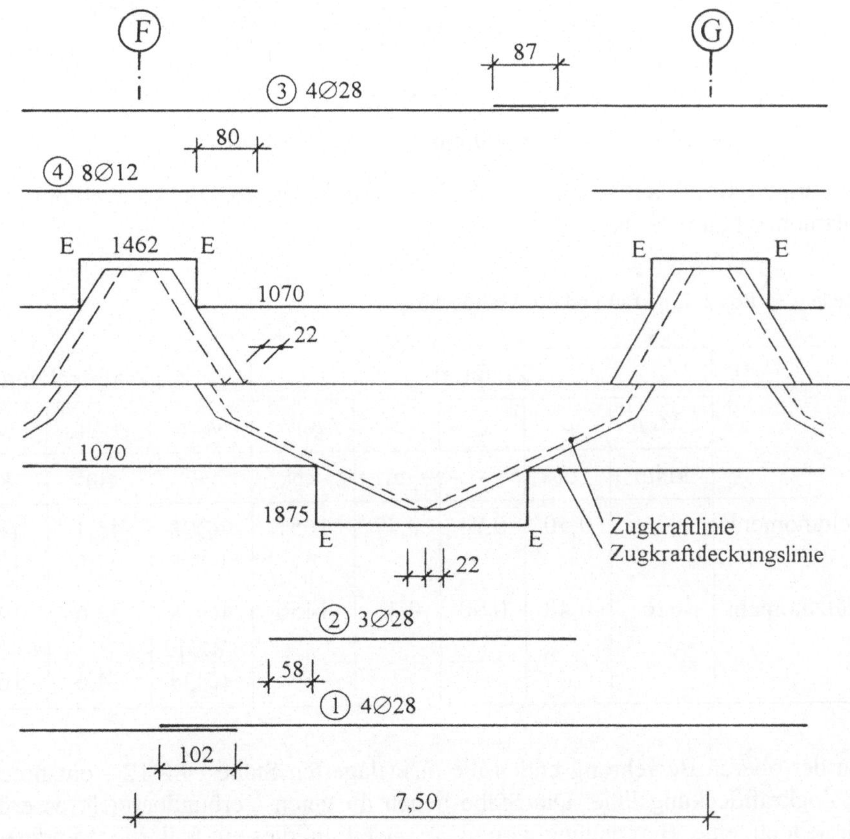


Bild 9.8  Pos 2: Zugkraftdeckung, Verankerungslängen, Stöße

Die einzelnen Werte für die Zugkraftlinie und die Zugkraftdeckungslinie in Bild 9.8 ergeben sich aus Tabelle 9.3.

Im Feld werden 4⌀28 von insgesamt 7⌀28 bis zu den Auflagern geführt - erforderlich ist ein Viertel der Feldbewehrung -, s. Bild 9.8 und Tabelle 9.3.

$$\alpha_a \quad = 1,0 \qquad\qquad \text{gerade Stabenden}$$

$$l_b \quad = 101 \text{ cm} \qquad\qquad \text{s. Tafel A8}$$

$$A_{s,req} = 24,6 \text{ cm}^2 \qquad\qquad 4⌀28$$

$$A_{s,prov} = 43,1 \text{ cm}^2 \qquad\qquad 7⌀28$$

$$l_{b,net} \quad = 1,0 \cdot 101 \cdot 24,6 / 43,1 = 58 \text{ cm}$$

$$l_{b,min} \quad = 0,3 \cdot l_b = 0,3 \cdot 101 = 30 \text{ cm}$$

$$\geq 10⌀ = 28 \text{ cm} \geq 100 \text{ mm}$$

Die übrigen 4⌀28 laufen über das Auflager durch, um als Druckbewehrung für das Stützmoment zu wirken.

Tabelle 9.3  Pos 2: Zugkraft und Zugkraftdeckung

| | Zugkraft | | | | | Zugkraftdeckung | | |
|---|---|---|---|---|---|---|---|---|
| | $M_{Sd}$ | $d$ | $\zeta$ | $z$ | $M_{Sd}/z$ | vorh | $A_{s,prov}$ | $Z_s$ |
| | kNm | m | - | m | kN | - | cm² | kN |
| Feldmoment | 776 | 0,50 | 0,94 | 0,47 | 1651 | 7⌀28 | 43,1 | 1875 |
| | | | | | | 4⌀28 | 24,6 | 1070 |
| Stützmoment | 626 | 0,48 | 0,90 | 0,43 | 1456 | 4⌀28 +8⌀12 | 33,6 | 1462 |
| | | | | | | 4⌀28 | 24,6 | 1070 |

Von der oberen Bewehrung enden die ausgelagerten Stäbe - 8⌀12 - entsprechend der Zugkraftdeckungslinie. Die Stäbe liegen im guten Verbundbereich, es erübrigt sich jedoch eine Berechnung von $l_{b,net}$ , weil in diesem Fall die Mindestlänge maßgebend ist.

$$l_{b,net} \geq d = 50 \text{ cm}$$

Zusätzlich ist der Abstand vom Stegrand zuzuschlagen. Eine Abstufung der oberen Stegbewehrung - 4⌀28 - ist nicht zweckmäßig, weil in den Bügelecken ohnehin durchgehend 4 Stäbe erforderlich sind.

Stöße

Die durchlaufende untere Bewehrung - 4⌀28 - wird im Bereich des Momentennullpunkts gestoßen; die Annahme $A_{s,req} = 0,5 \cdot A_{s,prov}$ liegt auf der sicheren Seite. Die Übergreifungslänge folgt aus:

$$l_s = l_{b,net} \cdot \alpha_1 \geq l_{s,min} \qquad\qquad \text{s. Gl. (8.8) und (8.9)}$$

Ob alle Stäbe an einer Stelle gestoßen werden oder zwei versetzte Stöße mit jeweils 50% Stoßanteil gewählt werden, hat in diesem Fall keinen Einfluß auf $\alpha_1$. Da die in Bild 8.5 angegebenen Stababstände

$$b < 5\varnothing \qquad\qquad \text{für äußere Stäbe}$$

$$a < 10\varnothing \qquad\qquad \text{für innere Stäbe}$$

nicht erfüllt sind, ergibt sich:

$$\alpha_1 = 2$$

$$l_s = 101 \cdot 0,5 \cdot 2 = 101 \text{ cm}$$

$$l_{s,min} \geq 0,3 \cdot \alpha_a \cdot \alpha_1 \cdot l_b = 0,3 \cdot 2 \cdot 101 = 61 \text{ cm}$$

$$\geq 15\varnothing = 42 \text{ cm} \geq 200 \text{ mm}$$

Der Stoß der oberen Bewehrung - 4⌀28 - wird außerhalb des Bereichs negativer Momente angeordnet, so daß die Mindestübergreifungslänge maßgebend ist. Es liegen mäßige Verbundbedingungen vor, s. Bild 8.1.

$$l_b = 145 \text{ cm}$$

$$l_{s,min} = 0,3 \cdot 2 \cdot 145 = 87 \text{ cm}$$

Im Stoßbereich ist eine Querbewehrung erforderlich, deren Querschnitt in der Summe dem eines gestoßenen Stabes entspricht.

$$\sum A_{st} = A_{sl} = 6,16 \text{ cm}^2$$

Die zur Schubsicherung gewählten Bügel - ⌀10 im Abstand 10 cm - sind ausreichend und erfüllen auch den gegenseitigen Abstand von 15 cm nach Bild 8.6.

## Schubbewehrung

Als Schubbewehrung werden lotrechte Bügel gewählt, die nach Bild 8.3 im Plattenbalken nicht geschlossen zu werden brauchen. Die Mindestschubbewehrung ist hier nicht maßgebend.

$$A_{sw,min} = \rho_{w,min} \cdot s \cdot b_w \qquad\qquad \text{s. Gl. (9.4)}$$

$$\rho_{w,min} = 0{,}0011 \qquad \text{für C30/37} \qquad \text{s. Tabelle 9.1}$$

$$A_{sw,min} = 0{,}0011 \cdot 100 \cdot 60 = 6{,}6 \ cm^2/m$$

Der maximale Bügelabstand folgt aus Tabelle 9.2. Mit den Querkräften aus Abschnitt 5.2.6

$$V_{Sd} \ / \ V_{Rd2} = 729 \ / \ 1391 = 0{,}52$$

ergibt sich

$$s_{max} \quad = 0{,}6 \cdot d \leq 300 \ mm$$

Der Abstand der Bügelschenkel von 300 mm gilt sowohl in Längsrichtung als auch in Querrichtung. In diesem Beispiel sind ohnehin vierschnittige Bügel vorgesehen, so daß der geforderte Querabstand problemlos eingehalten ist.

$$x \leq 1{,}00 \ m \qquad \text{Bügel } \varnothing 10\text{-}10 \qquad A_{sw,prov} = 31{,}4 \ cm^2/m$$

$$A_{sw,req} = 30{,}7 \ cm^2/m$$

$$x > 1{,}00 \ m \qquad \text{Bügel } \varnothing 10\text{-}25 \qquad A_{sw,prov} = 12{,}6 \ cm^2/m$$

$$A_{sw,req} = 11{,}4 \ cm^2/m$$

$x$ .... gemessen vom Stützenrand, s. Bild 9.9

EC 2 Teil 1-1 gibt keinen Hinweis darauf, ob bei der Verteilung der Schubbewehrung das Schubdiagramm eingeschnitten werden darf, wie es DIN 1045 ausdrücklich gestattet. Jedoch enthält EC 2 Teil 1-3 [7] für die Abstufung der Schubbewehrung in der Verbundfuge eine entsprechende Darstellung, s. Bild 10.2. Nach Ansicht des Verfassers spricht somit nichts dagegen, generell bei der Verteilung der Schubbewehrung das Schubdiagramm einzuschneiden.

## Aufhängebewehrung

Für den Anschluß des Querträgers - Nebenträger - an den Hauptträger ist eine Aufhängebewehrung erforderlich, die für die gesamte Auflagerkraft des Nebenträgers zu bemessen ist.

$$F_{Sd} = 440 \text{ kN} \qquad\qquad \text{s. Abschnitt 4.4.1}$$

$$A_s = \frac{F_{sd}}{f_{yd}} = \frac{0,440}{435} \cdot 10^4 = 10,1 \text{ cm}^2$$

Es sind zusätzliche Bügel einzulegen, s. Bild 9.9.

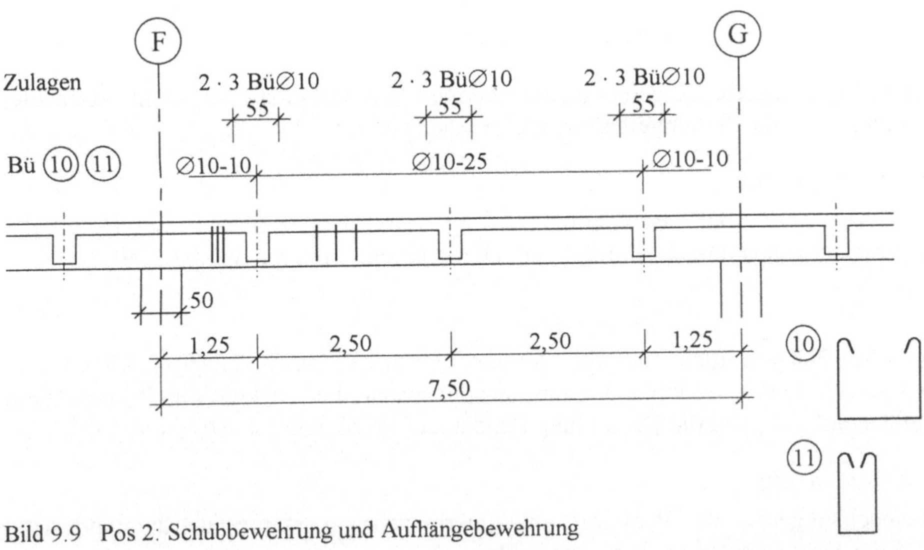


Bild 9.9   Pos 2: Schubbewehrung und Aufhängebewehrung

Der Kreuzungsbereich nach Bild 9.6 reduziert sich mit den gegebenen Abmessungen

| | | | |
|---|---|---|---|
| Hauptträger | $h_1 = 55$ cm | $b_1 = 60$ cm |
| Nebenträger | $h_2 = 50$ cm | $b_2 = 30$ cm |

Mit $h_2 < b_1$ entfällt eine Anrechnung von Bügeln im Nebenträger. Die Aufhängebewehrung kann auf einer Länge von $h_1 = 55$ cm im Hauptträger verteilt werden. Es sind jeweils 6 zusätzliche Bügel ⌀10 erforderlich, zweckmäßigerweise werden von jeder Biegeform 3 Stück gewählt, s. Bild 9.9.

## 9.2 Ortbetonplatten

### 9.2.1 Biegebewehrung

Die Konstruktionsregeln für Platten gelten für

$$b > 4 \cdot h$$

Andernfalls ist wie bei Balken zu verfahren [5.4.3].

Vierseitig gelagerte Rechteckplatten können als einachsig gespannt betrachtet werden, wenn das Seitenverhältnis größer als 2 ist [2.5.2.1].

**Hauptbewehrung**

Die Abstufung der Bewehrung erfolgt wie bei Balken mit Hilfe der Zugkraftdeckungslinie, s. Bild 9.2, jedoch mit einem größeren Versatzmaß.

$$a_l = d \tag{9.6}$$

Für die Hauptrichtung ist die Mindestbewehrung nach Gl.(9.1) einzuhalten [5.4.3.2.1]. Diese Bedingung kann beispielsweise bei dicken Fundamentplatten maßgebend sein, wie die Bemessung Fundament Pos 6 zeigt, s. Abschnitt 5.4.7.

**Querbewehrung**

In einachsig gespannten Platten ist eine Querbewehrung erforderlich, die mindestens 20% der Hauptbewehrung betragen sollte.

Bewehrung von Auflagern und Rändern

Von der Feldbewehrung ist mindestens die Hälfte bis zu den Auflagern zu führen und zu verankern. Zweck dieser Regelung ist es, Platten ohne Schubbewehrung mit einem kräftigen Zugband auszubilden.

Eine rechnerisch nicht berücksichtigte Einspannung am Endauflager ist durch eine obere Bewehrung abzudecken, die für 25% des Feldmoments auszulegen ist. Sie sollte nicht kürzer als die 0,2-fache Länge des Feldes sein, gemessen vom Auflagerrand.

Sind aufgrund der Randbedingungen in der Platte Drillmomente möglich, ist eine entsprechende Bewehrung anzuordnen. EC 2 gibt keine weiteren Hinweise über deren Querschnitt und deren Länge, deshalb bieten sich die konstruktiven Regelungen nach DIN 1045 an. Der Verfasser sieht darin keinen Widerspruch zum Mischungsverbot der beiden Normen.

Freie, ungestützte Ränder sind mit Steckbügeln einzufassen, deren Schenkellänge mindestens der zweifachen Plattendicke entsprechen soll.

### Stababstände

Der größte Stababstand beträgt

für die Hauptbewehrung

$$s \le 1{,}5 \cdot h \le 350 \text{ mm} \tag{9.7a}$$

für die Querbewehrung

$$s \le 2{,}5 \cdot h \le 400 \text{ mm} \tag{9.7b}$$

Der kleinere Wert ist jeweils maßgebend; $h$ ist die Plattendicke [5.4.3.2.1]. Es ist jedoch zu prüfen, ob sich nach den Regeln zur Beschränkung der Rißbreite, s. Abschnitt 6.2, nicht kleinere Stababstände ergeben, wie sie der bisherigen Konstruktionspraxis entsprechen.

### 9.2.2  Schubbewehrung

Eine Platte mit Schubbewehrung sollte mindestens 200 mm dick sein [5.4.3.3].

### Mindestschubbewehrung

Sofern eine Schubbewehrung erforderlich ist, darf ein Mindestwert nicht unterschritten werden, s. Abschnitt 9.1.2. Es sind jedoch nur 60% der in Tabelle 9.1 für Balken angegebenen Werte anzusetzen.

Die Schubbewehrung darf vollständig aus Schrägstäben oder Schubzulagen bestehen, wenn die Schubbeanspruchung innerhalb folgender Grenze liegt:

$V_{Sd} \le V_{Rd3} / 3$

### Abstände

Der Abstand von Bügeln und Schubzulagen ist wie bei Balken vom Verhältnis $V_{Sd} / V_{Rd2}$ abhängig, s. Tabelle 9.2, jedoch sind lediglich die Werte $0{,}8d$ bzw $0{,}6d$ bzw $0{,}3d$ maßgebend.

Der größte Längsabstand von Schrägstäben ist $s_{max} = h$. Es darf angenommen werden, daß ein Schrägstab die Schubkraft über eine Länge von $2d$ aufnimmt.

### Durchstanzbewehrung

Für die Mindestschubbewehrung gelten wiederum 60% der Werte in Tabelle 9.1, anzusetzen ist die Fläche $(A_{crit} - A_{load})$.

Als Durchstanzbewehrung können Bügel oder Schrägstäbe gewählt werden, die folgendermaßen anzuordnen sind [5.4.3.3(7)]:

- Abstand vom Rand der Lasteinleitungsfläche höchstens $1,5d$ oder 800 mm s. Bild 9.10, der kleinere Wert ist maßgebend

- Schrägstäbe kreuzen die belastete Fläche oder liegen maximal im Abstand $d\,/\,4$ von ihrem Rand

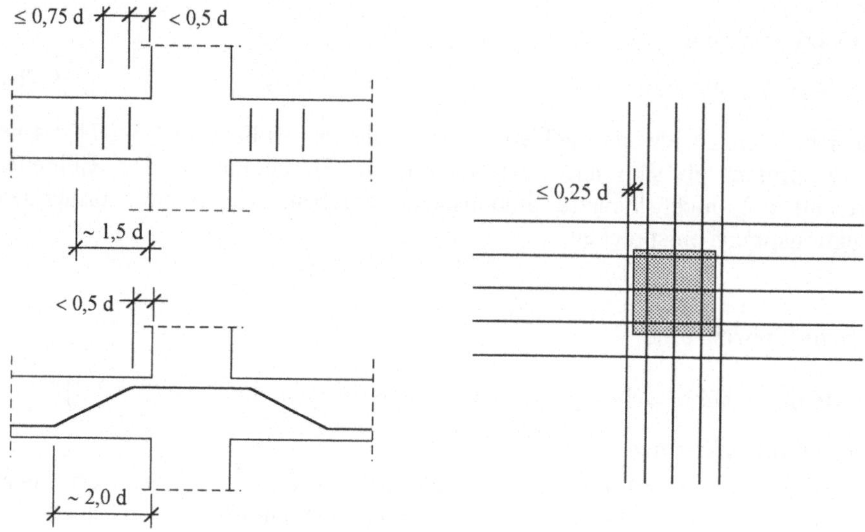

Bild 9.10   Anordnung der Durchstanzbewehrung

Die Nachweise der Flachdecke Pos 3 enthalten sowohl die Berechnung der Mindestschubbewehrung als auch deren Verteilung , s. Abschnitt 5.4.6.


## 9.3  Druckglieder


### 9.3.1  Allgemeines

Die Regeln für Stützen gelten für Querschnitte mit einem Seitenverhältnis

$$b\,/\,h \le 4$$

Andernfalls sind die Konstruktionsregeln für Wände anzuwenden [5.4.1].

Die kleinste Seitenlänge eines Stützenquerschnitts ist:

200 mm     für senkrecht betonierte Ortbetonstützen

140 mm     für waagerecht betonierte Fertigteilstützen.


### 9.3.2  Längs- und Querbewehrung bei Stützen

**Längsbewehrung**

Der kleinste Stabdurchmesser beträgt 12 mm. In jeder Ecke des Querschnitts muß ein Stab liegen; in Stützen mit Kreisquerschnitt sind mindestens 6 Stäbe anzuordnen [5.4.1.2.1].

Der Mindestwert der Längsbewehrung beträgt:

$$A_{s,min} \;=\; 0{,}15 \cdot N_{Sd} \,/\, f_{yd} \geq 0{,}003 \cdot A_c \tag{9.7}$$

$N_{Sd}$     .... Bemessungswert der aufzunehmenden Längskraft

$f_{yd}$     .... Bemessungswert der Festigkeit des Betonstahls

$A_c$     .... Gesamtfläche des Betonquerschnitts

Damit ist die Mindestbewehrung sowohl vom Stützenquerschnitt als auch von der Beanspruchung abhängig. Beispielsweise ergibt sich für eine voll ausgenutzte Stütze der Betonfestigkeitsklasse C30/37 - Betonstahl S500 vorausgesetzt -

$$N_{Sd} \;=\; f_{cd} \cdot A_c = 20 \cdot A_c$$

$$A_{s,min} \;=\; 0{,}15 \cdot 20 \cdot A_c \,/\, 435 = 0{,}007 \cdot A_c$$

Der Maximalwert beträgt - auch im Bereich von Übergreifungsstößen -

$$A_{s,max} \;=\; 0{,}08 \cdot A_c \tag{9.8}$$


**Querbewehrung**

Die Längsbewehrung ist durch Bügel, Schlaufen oder Wendeln gegen Ausknicken zu sichern. Für den Durchmesser der Querbewehrung $\varnothing$ gilt:

$\varnothing \qquad \geq \quad \varnothing_{l,max} \,/\, 4$

$\qquad\qquad \geq \quad$ 6 mm     bei Stabstahl

$\qquad\qquad \geq \quad$ 5 mm     bei Betonstahlmatten

$\varnothing_{l,max}$ .... größter Durchmesser der Längsstäbe

Der Bügelabstand darf den kleinsten der folgenden Werte nicht überschreiten [5.4.1.2.2]:

$$s_{max} \quad \leq \quad 12 \cdot \varnothing_{l,min}$$

$$\leq \quad h_{min}$$

$$\leq \quad 300 \text{ mm} \tag{9.9}$$

$\varnothing_{l,min}$ .... kleinster Durchmesser der Längsstäbe

$h_{min}$ .... kleinste Seitenlänge der Stütze

Die o.g. Bügelabstände sind mit dem Faktor 0,6 zu vermindern

- unmittelbar ober- und unterhalb von Balken oder Platten
  auf einer Länge, die der größeren Stützenseite entspricht

- bei Übergreifungsstößen von Längsstäben $\varnothing_l > 14$ mm.

Die engeren Bügelabstände erhöhen die Tragfähigkeit des Betonquerschnitts im Krafteinleitungsbereich der Längsstäbe. Bei Druckstößen sind die engeren Bügel auch außerhalb der Stoßenden anzuordnen, s. Bild 8.6.

Alle Längsstäbe sind durch Querbewehrung zu sichern. Dabei dürfen einem Bügel höchstens 5 Längsstäbe in jeder Querschnittsecke zugeordnet werden.


### 9.3.3 Lotrechte und waagerechte Bewehrung bei Wänden

Die folgenden Regeln gelten für Stahlbetonwände, die sich definitionsgemäß von unbewehrten Wänden dadurch unterscheiden, daß die Bewehrung beim Nachweis der Tragfähigkeit angesetzt wird [5.4.7.1]. Wenn die u. g. Mindestbewehrung unterschritten wird, sind die Wände als unbewehrte Bauteile zu behandeln, s. EC 2 Teil 1-6. Für Wände mit überwiegender Biegebeanspruchung, z. B. durch Erddruck, gelten die Regeln für Platten.

Die Mindest- und Höchstwerte für die lotrechte Bewehrung betragen [5.4.7.2]:

$$A_{s,min} \quad \geq \quad 0,004 \cdot A_c \tag{9.10a}$$

$$A_{s,max} \quad \leq \quad 0,04 \cdot A_c \tag{9.10b}$$

Im allgemeinen ist die Bewehrung gleichmäßig auf beide Wandseiten zu verteilen.

Für den maximalen Abstand der lotrechten Stäbe gilt:

$$s_{max} \quad \leq \quad 2 \cdot h \leq 300 \text{ mm} \tag{9.11}$$

$h$ .... Wanddicke

Die waagerechte Bewehrung sollte mindestens 50% der lotrechten Bewehrung betragen [5.4.7.3]. Sie ist außenliegend anzuordnen. Der größte Stababstand ist auf 300 mm begrenzt.

Bei hochbeanspruchten Wänden mit einer lastabtragenden lotrechten Bewehrung

$$A_s > 0{,}02 \cdot A_c$$

sind die Stäbe durch Bügel zu umschließen, die wie bei Stützen anzuordnen sind [5.4.7.4].

### 9.3.4  Beispiel Gebäudestütze

Für die Innenstütze Pos 4 wird die Bewehrungsführung festgelegt.

Bemessung s. Abschnitt 7.4
Regelungen für Stöße s. Abschnitt 8.3.2

Längsbewehrung

erforderlich: $\qquad\qquad\qquad\qquad A_{s,req} \ = 63 \quad \text{cm}^2$

gewählt: $4\varnothing28 + 8\varnothing25 \qquad\qquad A_{s,prov} = 63{,}9 \ \text{cm}^2$

Bügel

$$\varnothing10 \quad \geq \ \varnothing_l / 4 \ = 28 / 4 = 7 \text{ mm}$$
$$\geq \ 6 \text{ mm}$$

$$s = 30 \text{ cm} \leq \ 12\varnothing_{l,min} = 30 \text{ cm}$$
$$\leq \ h_{min} \ = 50 \text{ cm} \quad \leq 300 \text{ mm}$$

Stoßbereich

alle Längsstäbe werden oberhalb des Fundaments gestoßen. Die gestoßenen Stäbe liegen nebeneinander.

Bewehrungsgrad

$$A_s \ / \ A_c = 2 \cdot 63{,}9 \ / \ 50 \cdot 50 = 0{,}051 < 0{,}08$$

Stoßlänge

$$l_s = l_{b,net} \cdot \alpha_1$$

$l_b = 101$ cm          guter Verbund

$\alpha_1 = 1$          Druckstoß

$$l_s = \frac{63}{63,9} \cdot 101 \cdot 1 = 100 \text{ cm}$$

Querbewehrung

$$A_{st} = 1 \cdot A_{sl} = 6,16 \text{ cm}^2$$

gewählt

jeweils 4 Bügel $\varnothing 10$ in den äußeren Bereichen der Verankerungslänge: 6,28 cm²

Bei Druckstößen ist ein Bügel außerhalb der Stoßenden anzuordnen, um die dort auftretenden Querzugkräfte infolge Spitzendruck aufzunehmen, s. Bild 8.6

a)

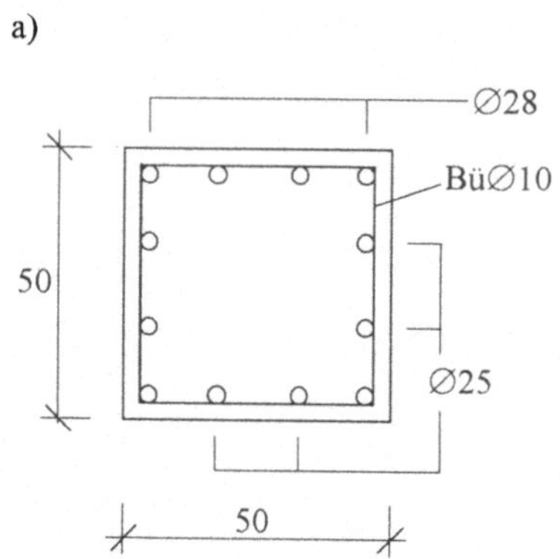


b)

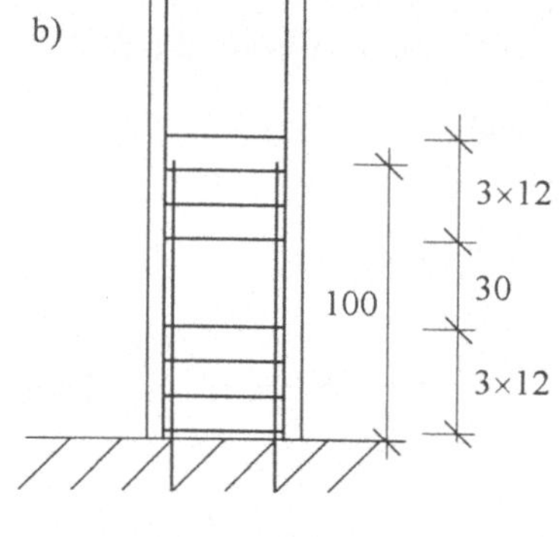


Bild 9.11   Pos 4: Bewehrung
          a) Querschnitt
          b) Stoß

# 10 Nachträglich ergänzte Querschnitte

Bei vielen Stahlbetonbauten werden Teilfertigteile - Elementdecken, Balkenstege - in Verbindung mit Ortbeton verwendet. Auch bei dem als Beispiel gewählten Gebäude bietet es sich an, Elementplatten und Teilfertigteile als Steg der Nebenträger vorzusehen und durch Ortbeton zu ergänzen.

Im folgenden wird die Schubfuge zwischen Fertigteil und Ortbeton behandelt, auf weitere Einzelheiten des Fertigteilbaus wird nicht eingegangen.

## 10.1 Nachweisverfahren

Die Verbindung von Fertigteil und Ortbeton wird mit EC 2

- Teil 1-3: Allgemeine Regeln - Bauteile und Tragwerke aus Fertigteilen [7]

nachgewiesen, wobei die zugehörige Anwendungsrichtlinie [8] zu beachten ist.

Bei einem auf Biegung beanspruchten Bauteil, z.B. $\Pi$-Platte, s. Bild 10.1, wird im allgemeinen Fall die Betondruckkraft vom Aufbeton und vom Fertigteil aufgenommen. Die Druckkraft im Aufbeton ist über die Verbundfuge zu übertragen.

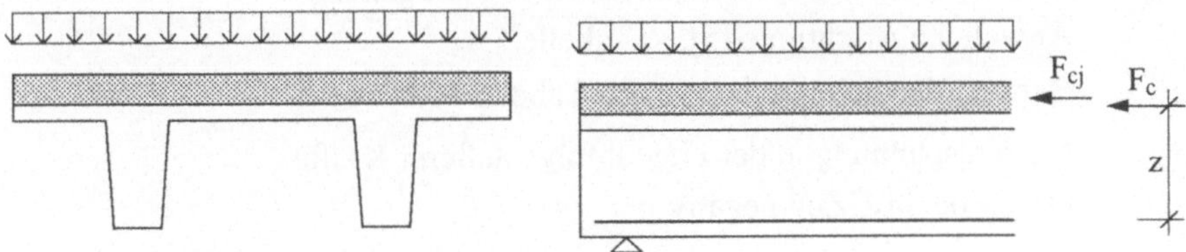

Bild 10.1   Nachträglich ergänzter Querschnitt

Nachgewiesen werden die Schubspannungen in der Verbundfuge gemäß EC 2 Teil 1-3, Abschnitt 4.5.3. Die aufzunehmende Schubspannung $\tau_{Sdj}$, hervorgerufen durch die Druckkraft $F_{cj}$, beträgt:

$$\tau_{Sdj} = \frac{F_{cj}}{F_c} \cdot \frac{V_{Sd}}{b_j \cdot z} \tag{10.1}$$

$F_c \;\; = \;\; M_{Sd} / z \;\;\;$ gesamte Betondruckkraft

$F_{cj}$ .... Anteil der Druckkraft,

       der im nachträglich ergänzten Querschnitt wirkt

$V_{Sd}$ .... aufzunehmende Querkraft

$z$     .... Hebelarm der inneren Kräfte

$b_j$     .... Breite der Kontaktfläche

Die aufnehmbare Schubspannung $\tau_{Rdj}$ setzt sich aus drei Anteilen zusammen:

- einem Beitrag des Betons, der von der Rauhigkeit der Fuge und dem Grundwert der Bemessungsschubfestigkeit abhängt

- einer Reibungskraft infolge Normalspannungen, die auf die Verbundfuge wirken

- einem Beitrag der Bewehrung, die die Verbundfuge unter dem Winkel $\alpha$ kreuzt, bestehend aus der Horizontalkomponente und der durch die Vertikalkomponente hervorgerufenen Reibungskraft

$$\tau_{Rdj} = k_T \cdot \tau_{Rd} + \mu \cdot \sigma_N + \rho \cdot f_{yd} \cdot (\mu \cdot \sin\alpha + \cos\alpha) \tag{10.2}$$

$k_T$     .... Beiwert nach Tabelle 10.1

$\tau_{Rd}$ .... Grundwert der Bemessungsschubfestigkeit gemäß
       Anwendungsrichtlinie [5], s. Tabelle 5.4

$\mu$     .... Beiwert der Schubreibung nach Tabelle 10.1

$\sigma_N$ .... Normalspannung in der Fuge infolge äußerer Kräfte
       Druck positiv, Zug negativ

$\rho \;\; = \;\; A_s / A_j$

$A_s$    .... Querschnitt der Bewehrung, die die Fuge kreuzt

$A_j$    .... Fugenfläche

$\alpha$     .... Neigung der Schubbewehrung, s. Bild 10.2

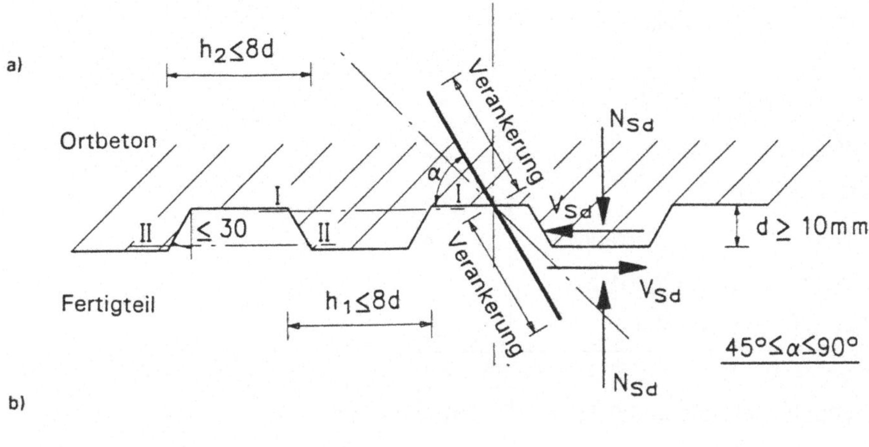


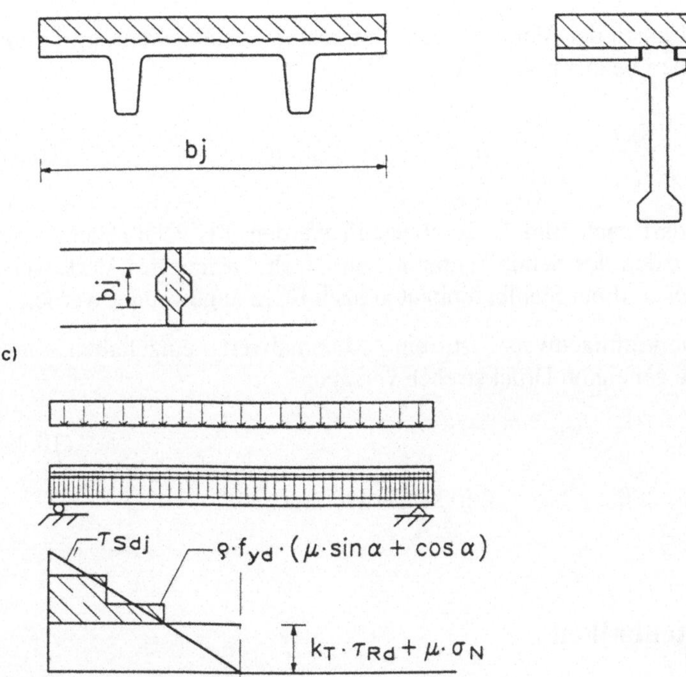


Bild 10.2  Fugenausbildung aus [7]
    a) verzahnte Fugenausbildung
    b) Beispiele zur Definition der Fugenbreite
    c) Schubdiagramm zur Darstellung der notwendigen Fugenbewehrung

Tabelle 10.1   Beiwerte $k_T$ und $\mu$

| Oberflächenbeschaffenheit | $k_T$ | $\mu$ |
|---|---|---|
| monolithisch | 2,5 | 1,0 |
| verzahnt, s. Bild 10.2 | 2,0 | 0,9 |
| rauh, z.B. mit Rechen aufgerauht | 1,8 | 0,7 |
| glatt, z.B. abgezogene Oberfläche | 1,0 | 0,5 |
| sehr glatt, z.B. Stahlschalung | 0 | 0,5 |

Es ist Schubbewehrung in der Fuge erforderlich, wenn

$$\tau_{Sdj} > k_T \cdot \tau_{Rd} + \mu \cdot \sigma_N$$

ist. Für $\tau_{Rdj} = \tau_{Sdj}$ und unter der Voraussetzung lotrechter Schubbewehrung ergibt sich auf die Längeneinheit bezogen - $A_j = b_j$ -:

$$A_{sj} = \frac{\tau_{Sdj} - k_T \cdot \tau_{Rd} - \mu \cdot \sigma_N}{\mu \cdot f_{yd}} \cdot b_j \qquad \text{[cm}^2\text{/m]} \qquad (10.3)$$

Die Schubbewehrung darf nach Bild 10.2c abgestuft werden. EC 2 läßt damit wie DIN 1045 das Einschneiden des Schubdiagramms zu. Nach Ansicht des Verfassers kann diese Regelung generell bei Stahlbetonbauten nach EC 2 angewendet werden.

Wie bei jedem Querkraftnachweis ist ein Maximalwert einzuhalten, um auszuschließen, daß die geneigten Druckstreben versagen.

$$\tau_{Rdj} \leq 0,5 \cdot v \cdot f_{yd} \qquad\qquad (10.4)$$

$$v \ = 0,7 - f_{ck} / 200 \qquad\qquad \text{Wirksamkeitsfaktor}$$


## 10.2  Beispiel Plattenbalken

Nachgewiesen wird der Anschluß der Platte an den Fertigteilsteg des Querträgers Pos 1.1. Dabei spielt es keine Rolle, daß die Platte wiederum aus der vorgefertigten Elementplatte und der Ortbetonergänzung besteht, zumal einheitlich C30/37 verwendet wird.

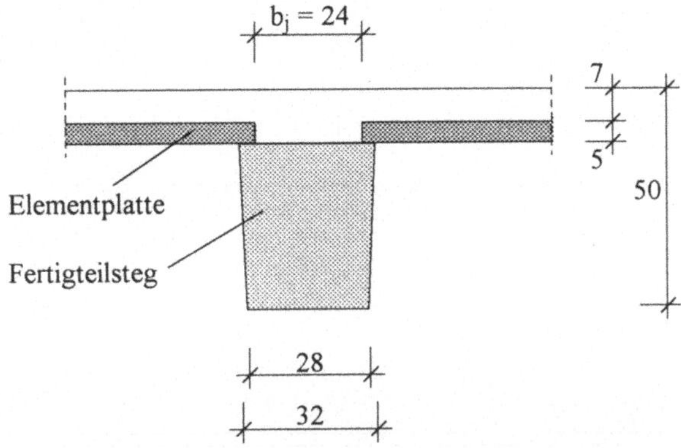


Bild 10.3   Pos 1.1: Teilfertigteile und Ortbetonergänzung

Da auf beiden Seiten des Steges die Elementplatten aufliegen, verbleibt für die Übertragung der Schubkraft $b_j = 24$ cm.

System, Belastung und Schnittgrößen des Querträgers s. Bild 10.4, Berechnung s. Abschnitt 4.4.1. Angesetzt werden die Querkräfte am Rand der Unterstützung - indirekte Lagerung -.

Zur Achse 5 hin - linkes Endauflager - ist die Platte auf Druck beansprucht. Aufgrund der günstigen mitwirkenden Plattenbreite ist die Betondruckkraft auf die Dicke des Ortbetons begrenzt, d.h. $F_{cj} = F_c$. Im Bereich der Mittelunterstützung - Achse 7 - ist die Platte auf Zug beansprucht. Die gesamte Biegezugbewehrung liegt im Ortbeton. Damit reduziert sich Gl. (10.1) auf

$$\tau_{Sd} = \frac{V_{Sd}}{b_j \cdot z}$$

Der innere Hebelarm $z$ ergibt sich aus der Biegebemessung, s. Abschnitt 5.1.3.

In der Verbundfuge wirken keine Normalspannungen $\sigma_N$, so daß sich Gl. (10.2) vereinfacht:

$$\tau_{Rd} = k_T \cdot \tau_{Rd} + \mu \cdot \rho \cdot f_{yd}$$

$k_T$ = 1,8          rauhe Fuge

$\mu$ = 0,7          s. Tabelle 10.1

$\tau_{Rd}$ = 0,28          s. Tabelle 5.4          C30/37

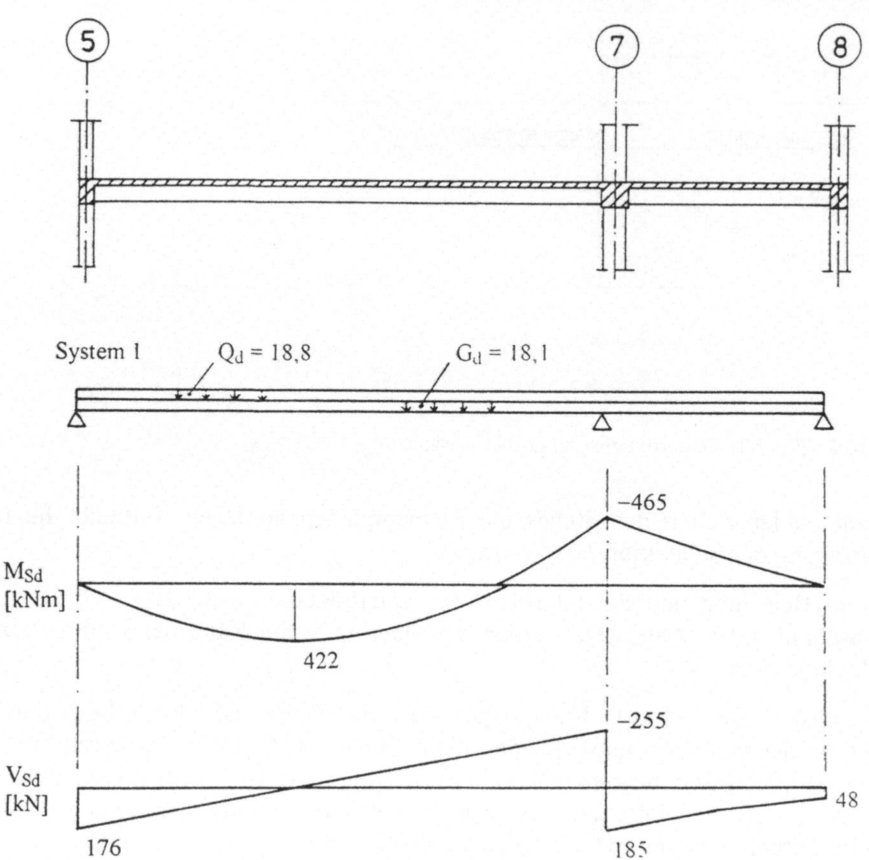



Bild 10.4   Pos 1: Querträger

Schubbewehrung ist erforderlich für

$$\tau_{Sdj} > k_T \cdot \tau_{Rd} = 1,8 \cdot 0,28 = 0,50 \ \text{N/mm}^2$$

Aus Gl. (10.3) ergibt sich die Schubbewehrung, s. Tabelle 10.2

$$A_{sj} = \frac{\tau_{Sdj} - k_T \cdot \tau_{Rd}}{\mu \cdot f_{yd}} \cdot b_j = \frac{\tau_{Sdj} - 0,50}{0,7 \cdot 435} \cdot 0,24 \cdot 10^4 \qquad [\text{cm}^2/\text{m}]$$

Der Maximalwert

$$\tau_{Rdj} \; = \; 0{,}5 \cdot \left(0{,}7 - 30 \, / \, 200\right) \cdot 20 = 5{,}5 \; \text{N/mm}^2$$

wird nicht überschritten.

Tabelle 10.2   Pos 1.1: Schubbewehrung in der Verbundfuge

| Achse | $V_{Sd}$ | $\zeta = z/d$ | $\tau_{Sdj}$ | $k_T \cdot \tau_{Rd}$ | $A_{sj}$ | $A_{sw}$ |
|---|---|---|---|---|---|---|
| | kN | - | N/mm² | N/mm² | cm²/m | cm²/m |
| 5 | 171 | 0,968 | 1,64 | 0,50 | 8,9 | 9,0 |
| 7 | 244 | 0,75 | 3,01 | 0,50 | 19,8 | 16,6 |

Da eine lotrechte Schubbewehrung ausschließlich über die Reibungskraft $\mu \cdot F_{sj}$ berücksichtigt wird, hängt der Bewehrungsquerschnitt von der Fugenausbildung ab. Bei einer rauhen Fugenausbildung - $\mu = 0{,}7$ - kann mehr Schubbewehrung erforderlich sein als sich bei voller Schubdeckung nach

$$A_{sw} \; = \; V_{Sd} \, / \left(z \cdot f_{yd}\right) \qquad \text{[cm}^2\text{/m]}$$

ergibt. Die Querschnitte für volle Schubdeckung sind in Tabelle 10.2 vergleichsweise angegeben.

Die Schubfuge zwischen Elementplatte und Aufbeton ist gleichermaßen nachzuweisen. In diesem Beispiel ist $\tau_{Sdj} < k \cdot \tau_{Rdj}$, d.h es ist keine Schubbewehrung erforderlich.

In der Regel ist die Oberfläche der Elementplatten rauh, so daß die aufnehmbare Schubspannung $\tau_{Rdj} = 1{,}8 \cdot \tau_{Rd}$ nur unwesentlich kleiner ist als der vergleichbare Wert $\tau_{Rd1}$ bei monolithisch hergestellten Platten. Damit sind in den meisten Fällen die Gitterträger nur für Transport und Montage notwendig.

# Anhang

**Bemessungstafeln** [24]

| Nr | Anwendungsbereich | | |
|---|---|---|---|
| A1 | Biegung mit Längskraft | ohne Druckbewehrung | |
| A2a | Biegung mit Längskraft | mit Druckbewehrung | $x/d = 0{,}25$ |
| A2b | Biegung mit Längskraft | mit Druckbewehrung | $x/d = 0{,}35$ |
| A2c | Biegung mit Längskraft | mit Druckbewehrung | $x/d = 0{,}45$ |
| A2d | Biegung mit Längskraft | mit Druckbewehrung | $x/d = 0{,}617$ |
| A3a | Biegung mit Längskraft | symmetrische Bewehrung | $d_1/h = 0{,}10$ |
| A3b | Biegung mit Längskraft | symmetrische Bewehrung | $d_1/h = 0{,}15$ |
| A4 | Biegung mit Längskraft | Kreisquerschnitt | $d_1/h = 0{,}10$ |
| A5 | Schiefe Biegung mit Längsdruck | umlaufende Bewehrung | $d_1/h = 0{,}10$ |
| A6a | Stabilitätsnachweis | $e/h$-Diagramm | $d_1/h = 0{,}10$ |
| A6b | Stabilitätsnachweis | $\mu$-Nomogramm | $d_1/h = 0{,}10$ |
| A6c | Stabilitätsnachweis | $e/h$-Diagramm | $d_1/h = 0{,}15$ |
| A6d | Stabilitätsnachweis | $\mu$-Nomogramm | $d_1/h = 0{,}15$ |
| A7a | Stabilitätsnachweis | $e/h$-Diagramm, Kreis | $d_1/h = 0{,}10$ |
| A7b | Stabilitätsnachweis | $\mu$-Nomogramm, Kreis | $d_1/h = 0{,}10$ |
| A8 | Grundmaß der Verankerungslänge | | |

## A1 Rechteckquerschnitt ohne Druckbewehrung, Biegung mit Längskraft

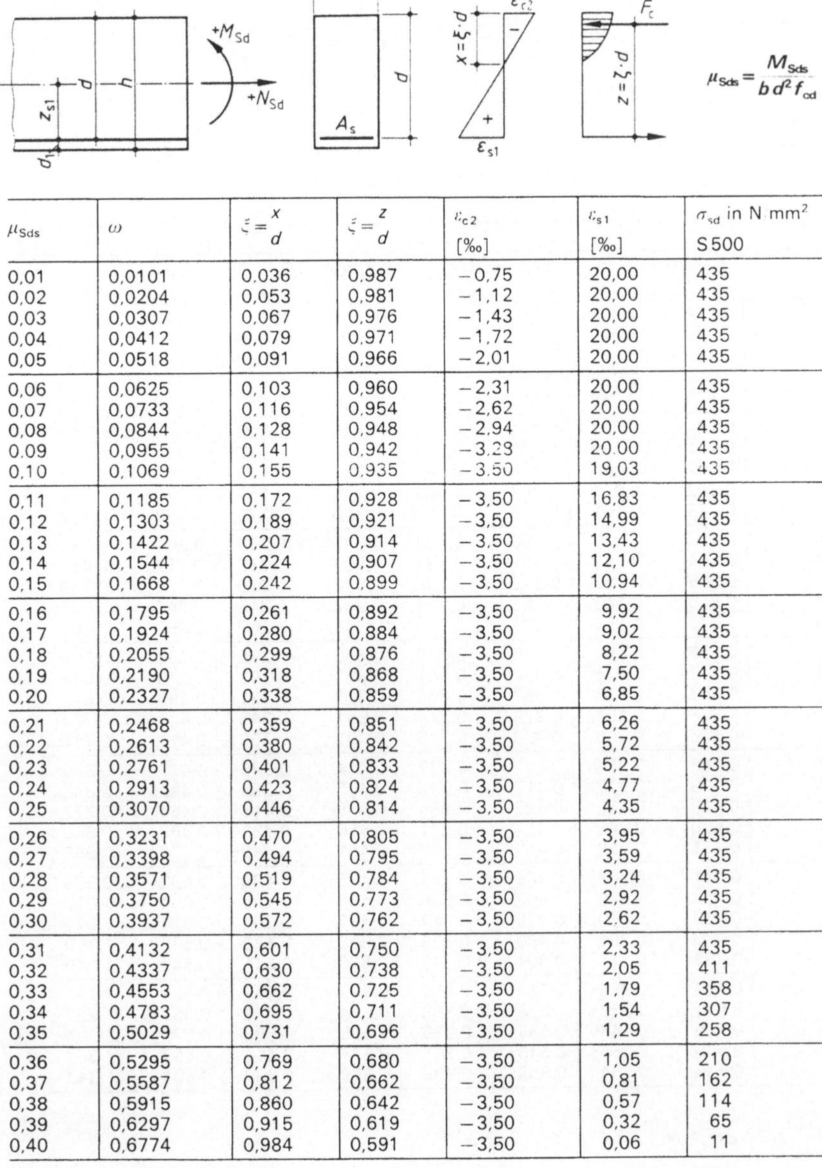



| $\mu_{Sds}$ | $\omega$ | $\xi = \dfrac{x}{d}$ | $\zeta = \dfrac{z}{d}$ | $\varepsilon_{c2}$ [‰] | $\varepsilon_{s1}$ [‰] | $\sigma_{sd}$ in N/mm² S 500 |
|---|---|---|---|---|---|---|
| 0,01 | 0,0101 | 0,036 | 0,987 | −0,75 | 20,00 | 435 |
| 0,02 | 0,0204 | 0,053 | 0,981 | −1,12 | 20,00 | 435 |
| 0,03 | 0,0307 | 0,067 | 0,976 | −1,43 | 20,00 | 435 |
| 0,04 | 0,0412 | 0,079 | 0,971 | −1,72 | 20,00 | 435 |
| 0,05 | 0,0518 | 0,091 | 0,966 | −2,01 | 20,00 | 435 |
| 0,06 | 0,0625 | 0,103 | 0,960 | −2,31 | 20,00 | 435 |
| 0,07 | 0,0733 | 0,116 | 0,954 | −2,62 | 20,00 | 435 |
| 0,08 | 0,0844 | 0,128 | 0,948 | −2,94 | 20,00 | 435 |
| 0,09 | 0,0955 | 0,141 | 0,942 | −3,23 | 20,00 | 435 |
| 0,10 | 0,1069 | 0,155 | 0,935 | −3,50 | 19,03 | 435 |
| 0,11 | 0,1185 | 0,172 | 0,928 | −3,50 | 16,83 | 435 |
| 0,12 | 0,1303 | 0,189 | 0,921 | −3,50 | 14,99 | 435 |
| 0,13 | 0,1422 | 0,207 | 0,914 | −3,50 | 13,43 | 435 |
| 0,14 | 0,1544 | 0,224 | 0,907 | −3,50 | 12,10 | 435 |
| 0,15 | 0,1668 | 0,242 | 0,899 | −3,50 | 10,94 | 435 |
| 0,16 | 0,1795 | 0,261 | 0,892 | −3,50 | 9,92 | 435 |
| 0,17 | 0,1924 | 0,280 | 0,884 | −3,50 | 9,02 | 435 |
| 0,18 | 0,2055 | 0,299 | 0,876 | −3,50 | 8,22 | 435 |
| 0,19 | 0,2190 | 0,318 | 0,868 | −3,50 | 7,50 | 435 |
| 0,20 | 0,2327 | 0,338 | 0,859 | −3,50 | 6,85 | 435 |
| 0,21 | 0,2468 | 0,359 | 0,851 | −3,50 | 6,26 | 435 |
| 0,22 | 0,2613 | 0,380 | 0,842 | −3,50 | 5,72 | 435 |
| 0,23 | 0,2761 | 0,401 | 0,833 | −3,50 | 5,22 | 435 |
| 0,24 | 0,2913 | 0,423 | 0,824 | −3,50 | 4,77 | 435 |
| 0,25 | 0,3070 | 0,446 | 0,814 | −3,50 | 4,35 | 435 |
| 0,26 | 0,3231 | 0,470 | 0,805 | −3,50 | 3,95 | 435 |
| 0,27 | 0,3398 | 0,494 | 0,795 | −3,50 | 3,59 | 435 |
| 0,28 | 0,3571 | 0,519 | 0,784 | −3,50 | 3,24 | 435 |
| 0,29 | 0,3750 | 0,545 | 0,773 | −3,50 | 2,92 | 435 |
| 0,30 | 0,3937 | 0,572 | 0,762 | −3,50 | 2,62 | 435 |
| 0,31 | 0,4132 | 0,601 | 0,750 | −3,50 | 2,33 | 435 |
| 0,32 | 0,4337 | 0,630 | 0,738 | −3,50 | 2,05 | 411 |
| 0,33 | 0,4553 | 0,662 | 0,725 | −3,50 | 1,79 | 358 |
| 0,34 | 0,4783 | 0,695 | 0,711 | −3,50 | 1,54 | 307 |
| 0,35 | 0,5029 | 0,731 | 0,696 | −3,50 | 1,29 | 258 |
| 0,36 | 0,5295 | 0,769 | 0,680 | −3,50 | 1,05 | 210 |
| 0,37 | 0,5587 | 0,812 | 0,662 | −3,50 | 0,81 | 162 |
| 0,38 | 0,5915 | 0,860 | 0,642 | −3,50 | 0,57 | 114 |
| 0,39 | 0,6297 | 0,915 | 0,619 | −3,50 | 0,32 | 65 |
| 0,40 | 0,6774 | 0,984 | 0,591 | −3,50 | 0,06 | 11 |

$$A_s = \frac{1}{\sigma_{sd}}\,(\omega\,b\,d\,f_{cd} + N_{Sd})$$

**A2a**  Rechteckquerschnitt mit Druckbewehrung für Biegung mit Längskraft

Betonstahl S 500, $\gamma_s = 1{,}15$, $\xi = \dfrac{x}{d} = 0{,}25$

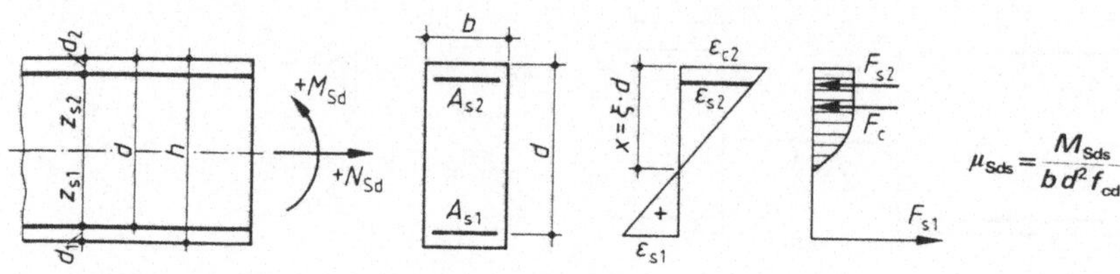



$$\xi = 0{,}250$$

| $\mu_{Sds}$ | $d_2 \cdot d = 0{,}05$ | | $d_2\,d = 0{,}10$ | | $d_2/d = 0{,}15$ | | $d_2/d = 0{,}20$ | |
|---|---|---|---|---|---|---|---|---|
| | $\omega_1$ | $\omega_2$ | $\omega_1$ | $\omega_2$ | $\omega_1$ | $\omega_2$ | $\omega_1$ | $\omega_2$ |
| 0,16 | 0,178 | 0,006 | 0,179 | 0,007 | 0,179 | 0,011 | 0,179 | 0,023 |
| 0,17 | 0,189 | 0,017 | 0,190 | 0,018 | 0,191 | 0,029 | 0,192 | 0,062 |
| 0,18 | 0,199 | 0,027 | 0,201 | 0,030 | 0,202 | 0,047 | 0,204 | 0,100 |
| 0,19 | 0,210 | 0,038 | 0,212 | 0,041 | 0,214 | 0,066 | 0,217 | 0,139 |
| 0,20 | 0,220 | 0,048 | 0,223 | 0,053 | 0,226 | 0,084 | 0,229 | 0,178 |
| 0,21 | 0,231 | 0,059 | 0,234 | 0,064 | 0,238 | 0,102 | 0,242 | 0,217 |
| 0,22 | 0,241 | 0,069 | 0,245 | 0,076 | 0,250 | 0,120 | 0,254 | 0,256 |
| 0,23 | 0,252 | 0,080 | 0,256 | 0,087 | 0,261 | 0,139 | 0,267 | 0,295 |
| 0,24 | 0,262 | 0,090 | 0,267 | 0,099 | 0,273 | 0,157 | 0,279 | 0,333 |
| 0,25 | 0,273 | 0,101 | 0,279 | 0,110 | 0,285 | 0,175 | 0,292 | 0,372 |
| 0,26 | 0,283 | 0,111 | 0,290 | 0,122 | 0,297 | 0,193 | 0,304 | 0,411 |
| 0,27 | 0,294 | 0,122 | 0,301 | 0,133 | 0,308 | 0,212 | 0,317 | 0,450 |
| 0,28 | 0,305 | 0,132 | 0,312 | 0,145 | 0,320 | 0,230 | 0,329 | 0,489 |
| 0,29 | 0,315 | 0,143 | 0,323 | 0,156 | 0,332 | 0,248 | 0,342 | 0,528 |
| 0,30 | 0,326 | 0,154 | 0,334 | 0,168 | 0,344 | 0,267 | 0,354 | 0,567 |
| 0,31 | 0,336 | 0,164 | 0,345 | 0,179 | 0,355 | 0,285 | 0,367 | 0,605 |
| 0,32 | 0,347 | 0,175 | 0,356 | 0,191 | 0,367 | 0,303 | 0,379 | 0,644 |
| 0,33 | 0,357 | 0,185 | 0,367 | 0,202 | 0,379 | 0,321 | 0,392 | 0,683 |
| 0,34 | 0,368 | 0,196 | 0,379 | 0,214 | 0,391 | 0,340 | 0,404 | 0,722 |
| 0,35 | 0,378 | 0,206 | 0,390 | 0,225 | 0,402 | 0,358 | 0,417 | 0,761 |
| 0,36 | 0,389 | 0,217 | 0,401 | 0,237 | 0,414 | 0,376 | 0,429 | 0,800 |
| 0,37 | 0,399 | 0,227 | 0,412 | 0,248 | 0,426 | 0,395 | 0,442 | 0,838 |
| 0,38 | 0,410 | 0,238 | 0,423 | 0,260 | 0,438 | 0,413 | 0,454 | 0,877 |
| 0,39 | 0,420 | 0,248 | 0,434 | 0,271 | 0,450 | 0,431 | 0,467 | 0,916 |
| 0,40 | 0,431 | 0,259 | 0,445 | 0,283 | 0,461 | 0,449 | 0,479 | 0,955 |
| 0,41 | 0,441 | 0,269 | 0,456 | 0,294 | 0,473 | 0,468 | 0,492 | 0,994 |
| 0,42 | 0,452 | 0,280 | 0,467 | 0,306 | 0,485 | 0,486 | 0,504 | 1,033 |
| 0,43 | 0,462 | 0,290 | 0,479 | 0,317 | 0,497 | 0,504 | 0,517 | 1,071 |
| 0,44 | 0,473 | 0,301 | 0,490 | 0,329 | 0,508 | 0,522 | 0,529 | 1,110 |
| 0,45 | 0,483 | 0,311 | 0,501 | 0,340 | 0,520 | 0,541 | 0,542 | 1,149 |
| 0,46 | 0,494 | 0,322 | 0,512 | 0,352 | 0,532 | 0,559 | 0,554 | 1,188 |
| 0,47 | 0,505 | 0,332 | 0,523 | 0,363 | 0,544 | 0,577 | 0,567 | 1,227 |
| 0,48 | 0,515 | 0,343 | 0,534 | 0,375 | 0,555 | 0,596 | 0,579 | 1,266 |
| 0,49 | 0,526 | 0,354 | 0,545 | 0,387 | 0,567 | 0,614 | 0,592 | 1,304 |
| 0,50 | 0,536 | 0,364 | 0,556 | 0,398 | 0,579 | 0,632 | 0,604 | 1,343 |

$$A_{s1} = \frac{1}{f_{yd}}\left(\omega_1\,b\,d\,f_{cd} + N_{Sd}\right) \qquad A_{s2} = \omega_2\,b\,d\,\frac{f_{cd}}{f_{yd}}$$

**A2b** Rechteckquerschnitt mit Druckbewehrung für Biegung mit Längskraft

Betonstahl S500, $\gamma_s = 1{,}15$, $\xi = \dfrac{x}{d} = 0{,}35$

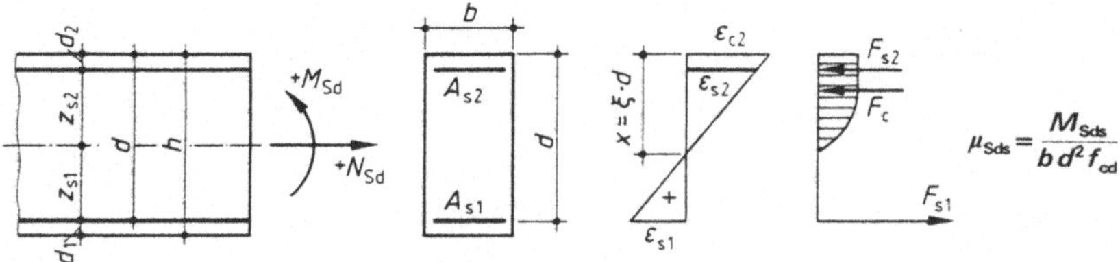

$$\mu_{Sds} = \frac{M_{Sds}}{b\,d^2 f_{cd}}$$

$\xi = 0{,}350$

| $\mu_{Sds}$ | $d_2/d = 0{,}05$ | | $d_2/d = 0{,}10$ | | $d_2/d = 0{,}15$ | | $d_2/d = 0{,}20$ | |
|---|---|---|---|---|---|---|---|---|
| | $\omega_1$ | $\omega_2$ | $\omega_1$ | $\omega_2$ | $\omega_1$ | $\omega_2$ | $\omega_1$ | $\omega_2$ |
| 0,21 | 0,245 | 0,004 | 0,246 | 0,005 | 0,246 | 0,005 | 0,246 | 0,008 |
| 0,22 | 0,256 | 0,015 | 0,257 | 0,016 | 0,258 | 0,018 | 0,259 | 0,026 |
| 0,23 | 0,266 | 0,026 | 0,268 | 0,027 | 0,269 | 0,031 | 0,271 | 0,044 |
| 0,24 | 0,277 | 0,036 | 0,279 | 0,038 | 0,281 | 0,044 | 0,284 | 0,062 |
| 0,25 | 0,287 | 0,047 | 0,290 | 0,049 | 0,293 | 0,057 | 0,296 | 0,080 |
| 0,26 | 0,298 | 0,057 | 0,301 | 0,060 | 0,305 | 0,069 | 0,309 | 0,098 |
| 0,27 | 0,308 | 0,068 | 0,312 | 0,071 | 0,316 | 0,082 | 0,321 | 0,116 |
| 0,28 | 0,319 | 0,078 | 0,323 | 0,082 | 0,328 | 0,095 | 0,334 | 0,135 |
| 0,29 | 0,329 | 0,089 | 0,334 | 0,094 | 0,340 | 0,108 | 0,346 | 0,153 |
| 0,30 | 0,340 | 0,099 | 0,346 | 0,105 | 0,352 | 0,121 | 0,359 | 0,171 |
| 0,31 | 0,351 | 0,110 | 0,357 | 0,116 | 0,363 | 0,133 | 0,371 | 0,189 |
| 0,32 | 0,361 | 0,120 | 0,368 | 0,127 | 0,375 | 0,146 | 0,384 | 0,207 |
| 0,33 | 0,372 | 0,131 | 0,379 | 0,138 | 0,387 | 0,159 | 0,396 | 0,225 |
| 0,34 | 0,382 | 0,141 | 0,390 | 0,149 | 0,399 | 0,172 | 0,409 | 0,243 |
| 0,35 | 0,393 | 0,152 | 0,401 | 0,160 | 0,411 | 0,185 | 0,421 | 0,261 |
| 0,36 | 0,403 | 0,162 | 0,412 | 0,171 | 0,422 | 0,197 | 0,434 | 0,280 |
| 0,37 | 0,414 | 0,173 | 0,423 | 0,182 | 0,434 | 0,210 | 0,446 | 0,298 |
| 0,38 | 0,424 | 0,183 | 0,434 | 0,194 | 0,446 | 0,223 | 0,459 | 0,316 |
| 0,39 | 0,435 | 0,194 | 0,446 | 0,205 | 0,458 | 0,236 | 0,471 | 0,334 |
| 0,40 | 0,445 | 0,204 | 0,457 | 0,216 | 0,469 | 0,248 | 0,484 | 0,352 |
| 0,41 | 0,456 | 0,215 | 0,468 | 0,227 | 0,481 | 0,261 | 0,496 | 0,370 |
| 0,42 | 0,466 | 0,226 | 0,479 | 0,238 | 0,493 | 0,274 | 0,509 | 0,388 |
| 0,43 | 0,477 | 0,236 | 0,490 | 0,249 | 0,505 | 0,287 | 0,521 | 0,406 |
| 0,44 | 0,487 | 0,247 | 0,501 | 0,260 | 0,516 | 0,300 | 0,534 | 0,425 |
| 0,45 | 0,498 | 0,257 | 0,512 | 0,271 | 0,528 | 0,312 | 0,546 | 0,443 |
| 0,46 | 0,508 | 0,268 | 0,523 | 0,282 | 0,540 | 0,325 | 0,559 | 0,461 |
| 0,47 | 0,519 | 0,278 | 0,534 | 0,294 | 0,552 | 0,338 | 0,571 | 0,479 |
| 0,48 | 0,529 | 0,289 | 0,546 | 0,305 | 0,563 | 0,351 | 0,584 | 0,497 |
| 0,49 | 0,540 | 0,299 | 0,557 | 0,316 | 0,575 | 0,364 | 0,596 | 0,515 |
| 0,50 | 0,551 | 0,310 | 0,568 | 0,327 | 0,587 | 0,376 | 0,609 | 0,533 |

$$A_{s1} = \frac{1}{f_{yd}}\left(\omega_1\, b\, d\, f_{cd} + N_{Sd}\right) \qquad A_{s2} = \omega_2\, b\, d\, \frac{f_{cd}}{f_{yd}}$$

**A2c** Rechteckquerschnitt mit Druckbewehrung für Biegung mit Längskraft

Betonstahl S 500, $\gamma_s = 1{,}15$, $\xi = \dfrac{x}{d} = 0{,}45$

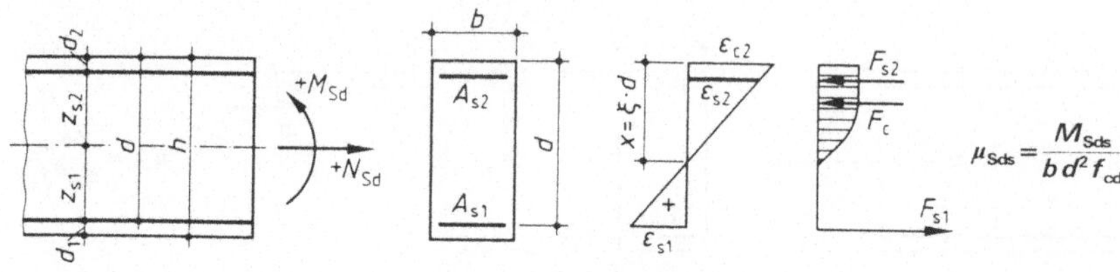

$\xi = 0{,}450$

| $\mu_{Sds}$ | $d_2/d = 0{,}05$ | | $d_2/d = 0{,}10$ | | $d_2/d = 0{,}15$ | | $d_2/d = 0{,}20$ | |
|---|---|---|---|---|---|---|---|---|
| | $\omega_1$ | $\omega_2$ | $\omega_1$ | $\omega_2$ | $\omega_1$ | $\omega_2$ | $\omega_1$ | $\omega_2$ |
| 0,26 | 0,318 | 0,009 | 0,319 | 0,009 | 0,319 | 0,010 | 0,320 | 0,012 |
| 0,27 | 0,329 | 0,019 | 0,330 | 0,020 | 0,331 | 0,022 | 0,333 | 0,026 |
| 0,28 | 0,339 | 0,030 | 0,341 | 0,031 | 0,343 | 0,033 | 0,345 | 0,040 |
| 0,29 | 0,350 | 0,040 | 0,352 | 0,043 | 0,355 | 0,045 | 0,358 | 0,054 |
| 0,30 | 0,361 | 0,051 | 0,363 | 0,054 | 0,366 | 0,057 | 0,370 | 0,068 |
| 0,31 | 0,371 | 0,061 | 0,374 | 0,065 | 0,378 | 0,069 | 0,383 | 0,082 |
| 0,32 | 0,382 | 0,072 | 0,386 | 0,076 | 0,390 | 0,080 | 0,395 | 0,096 |
| 0,33 | 0,392 | 0,082 | 0,397 | 0,087 | 0,402 | 0,092 | 0,408 | 0,110 |
| 0,34 | 0,403 | 0,093 | 0,408 | 0,098 | 0,414 | 0,104 | 0,420 | 0,123 |
| 0,35 | 0,413 | 0,103 | 0,419 | 0,109 | 0,425 | 0,116 | 0,433 | 0,137 |
| 0,36 | 0,424 | 0,114 | 0,430 | 0,120 | 0,437 | 0,127 | 0,445 | 0,151 |
| 0,37 | 0,434 | 0,125 | 0,441 | 0,131 | 0,449 | 0,139 | 0,458 | 0,165 |
| 0,38 | 0,445 | 0,135 | 0,452 | 0,143 | 0,461 | 0,151 | 0,470 | 0,179 |
| 0,39 | 0,455 | 0,146 | 0,463 | 0,154 | 0,472 | 0,163 | 0,483 | 0,193 |
| 0,40 | 0,466 | 0,156 | 0,474 | 0,165 | 0,484 | 0,174 | 0,495 | 0,207 |
| 0,41 | 0,476 | 0,167 | 0,486 | 0,176 | 0,496 | 0,186 | 0,508 | 0,221 |
| 0,42 | 0,487 | 0,177 | 0,497 | 0,187 | 0,508 | 0,198 | 0,520 | 0,235 |
| 0,43 | 0,497 | 0,188 | 0,508 | 0,198 | 0,519 | 0,210 | 0,533 | 0,249 |
| 0,44 | 0,508 | 0,198 | 0,519 | 0,209 | 0,531 | 0,222 | 0,545 | 0,263 |
| 0,45 | 0,518 | 0,209 | 0,530 | 0,220 | 0,543 | 0,233 | 0,558 | 0,277 |
| 0,46 | 0,529 | 0,219 | 0,541 | 0,231 | 0,555 | 0,245 | 0,570 | 0,291 |
| 0,47 | 0,539 | 0,230 | 0,552 | 0,243 | 0,566 | 0,257 | 0,583 | 0,305 |
| 0,48 | 0,550 | 0,240 | 0,563 | 0,254 | 0,578 | 0,269 | 0,595 | 0,319 |
| 0,49 | 0,561 | 0,251 | 0,574 | 0,265 | 0,590 | 0,280 | 0,608 | 0,333 |
| 0,50 | 0,571 | 0,261 | 0,586 | 0,276 | 0,602 | 0,292 | 0,620 | 0,347 |

$$A_{s1} = \frac{1}{f_{yd}}\left(\omega_1\, b\, d\, f_{cd} + N_{Sd}\right) \qquad A_{s2} = \omega_2\, b\, d\, \frac{f_{cd}}{f_{yd}}$$

**A2d**  Rechteckquerschnitt mit Druckbewehrung für Biegung und Längskraft

Betonstahl S 500, $\gamma_s = 1{,}15$, $\xi = \dfrac{x}{d} = 0{,}617$

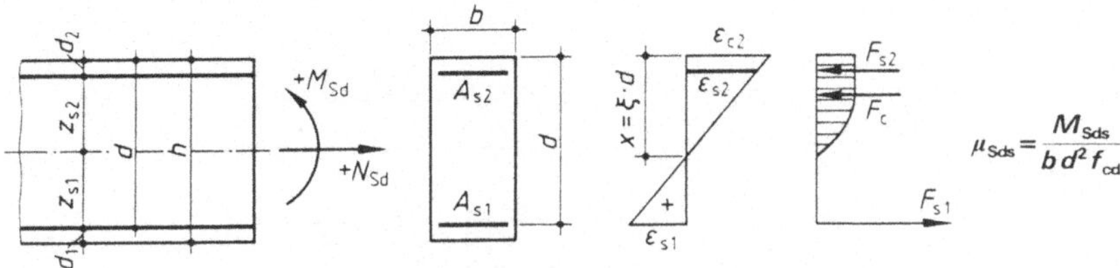

$\xi = 0{,}617$

| $\mu_{Sds}$ | $d_2/d = 0{,}05$ | | $d_2/d = 0{,}10$ | | $d_2/d = 0{,}15$ | | $d_2/d = 0{,}20$ | |
|---|---|---|---|---|---|---|---|---|
| | $\omega_1$ | $\omega_2$ | $\omega_1$ | $\omega_2$ | $\omega_1$ | $\omega_2$ | $\omega_1$ | $\omega_2$ |
| 0,32 | 0,429 | 0,005 | 0,429 | 0,005 | 0,430 | 0,005 | 0,430 | 0,006 |
| 0,33 | 0,440 | 0,015 | 0,441 | 0,016 | 0,441 | 0,017 | 0,443 | 0,018 |
| 0,34 | 0,450 | 0,026 | 0,452 | 0,027 | 0,453 | 0,029 | 0,455 | 0,031 |
| 0,35 | 0,461 | 0,036 | 0,463 | 0,038 | 0,465 | 0,041 | 0,468 | 0,043 |
| 0,36 | 0,471 | 0,047 | 0,474 | 0,049 | 0,477 | 0,052 | 0,480 | 0,056 |
| 0,37 | 0,482 | 0,057 | 0,485 | 0,061 | 0,489 | 0,064 | 0,493 | 0,068 |
| 0,38 | 0,492 | 0,068 | 0,496 | 0,072 | 0,500 | 0,076 | 0,505 | 0,081 |
| 0,39 | 0,503 | 0,078 | 0,507 | 0,083 | 0,512 | 0,088 | 0,518 | 0,093 |
| 0,40 | 0,513 | 0,089 | 0,518 | 0,094 | 0,524 | 0,099 | 0,530 | 0,106 |
| 0,41 | 0,524 | 0,099 | 0,529 | 0,105 | 0,536 | 0,111 | 0,543 | 0,118 |
| 0,42 | 0,534 | 0,110 | 0,541 | 0,116 | 0,547 | 0,123 | 0,555 | 0,131 |
| 0,43 | 0,545 | 0,120 | 0,552 | 0,127 | 0,559 | 0,135 | 0,568 | 0,143 |
| 0,44 | 0,555 | 0,131 | 0,563 | 0,138 | 0,571 | 0,146 | 0,580 | 0,156 |
| 0,45 | 0,566 | 0,142 | 0,574 | 0,149 | 0,583 | 0,158 | 0,593 | 0,168 |
| 0,46 | 0,577 | 0,152 | 0,585 | 0,161 | 0,594 | 0,170 | 0,605 | 0,181 |
| 0,47 | 0,587 | 0,163 | 0,596 | 0,172 | 0,606 | 0,182 | 0,618 | 0,193 |
| 0,48 | 0,598 | 0,173 | 0,607 | 0,183 | 0,618 | 0,193 | 0,630 | 0,206 |
| 0,49 | 0,608 | 0,184 | 0,618 | 0,194 | 0,630 | 0,205 | 0,643 | 0,218 |
| 0,50 | 0,619 | 0,194 | 0,629 | 0,205 | 0,641 | 0,217 | 0,655 | 0,231 |

$$A_{s1} = \frac{1}{f_{yd}}\left(\omega_1\, b\, d\, f_{cd} + N_{Sd}\right) \qquad A_{s2} = \omega_2\, b\, d\, \frac{f_{cd}}{f_{yd}}$$

**A3a** Rechteckquerschnitt mit symmetrischer Bewehrung

Betonstahl S500, $\gamma_s = 1{,}15$, $\dfrac{d_1}{h} = 0{,}10$

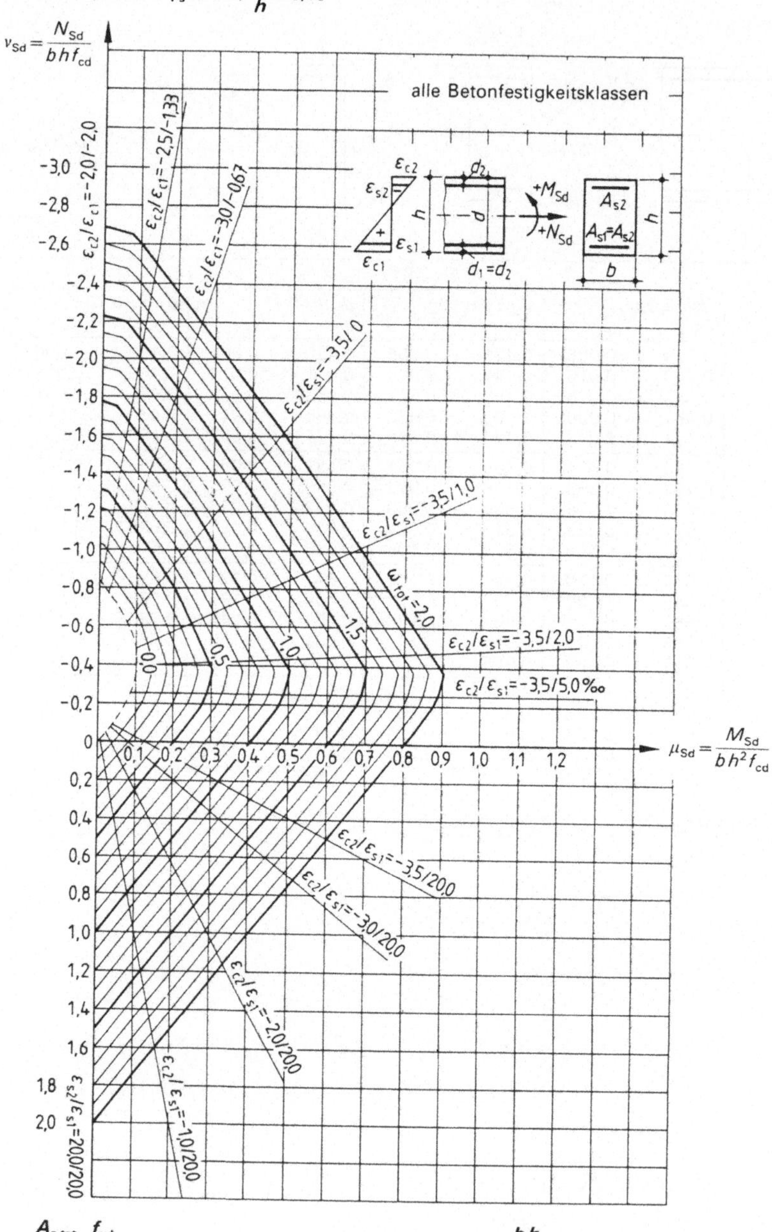



$$\omega_{tot} = \frac{A_{s.tot}}{b\,h} \cdot \frac{f_{yd}}{f_{cd}}$$

$$A_{s.tot} = A_{s1} + A_{s2} = \omega_{tot}\,\frac{b\,h}{f_{yd}/f_{cd}}$$

**A3b**  Rechteckquerschnitt mit symmetrischer Bewehrung
Betonstahl S 500, $\gamma_s = 1{,}15$, $d_1/h = 0{,}15$

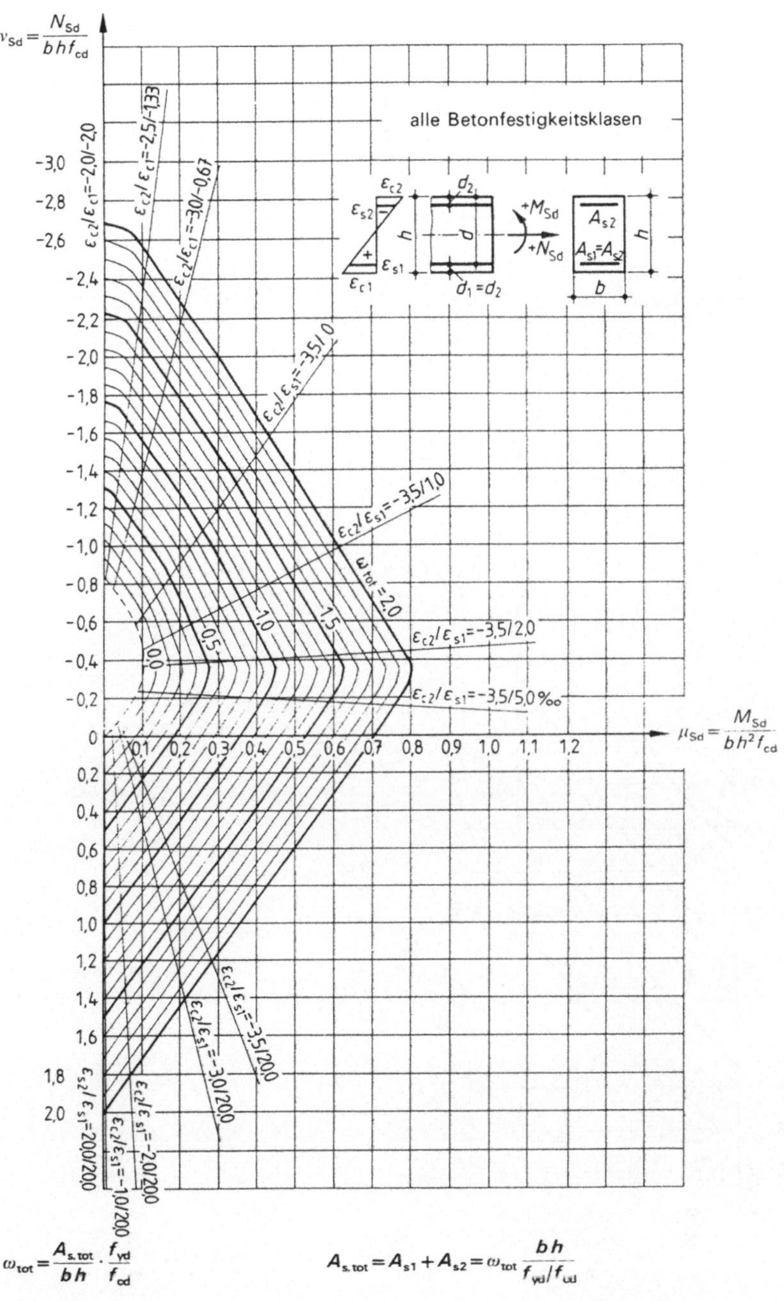


$$\omega_{tot} = \frac{A_{s,tot}}{b\,h} \cdot \frac{f_{yd}}{f_{cd}}$$

$$A_{s,tot} = A_{s1} + A_{s2} = \omega_{tot}\,\frac{b\,h}{f_{yd}/f_{cd}}$$

**A4** Kreisquerschnitte (Vollquerschnitt),
Betonstahl S 500, $\gamma_s = 1{,}15$, $d_1/h = 0{,}10$

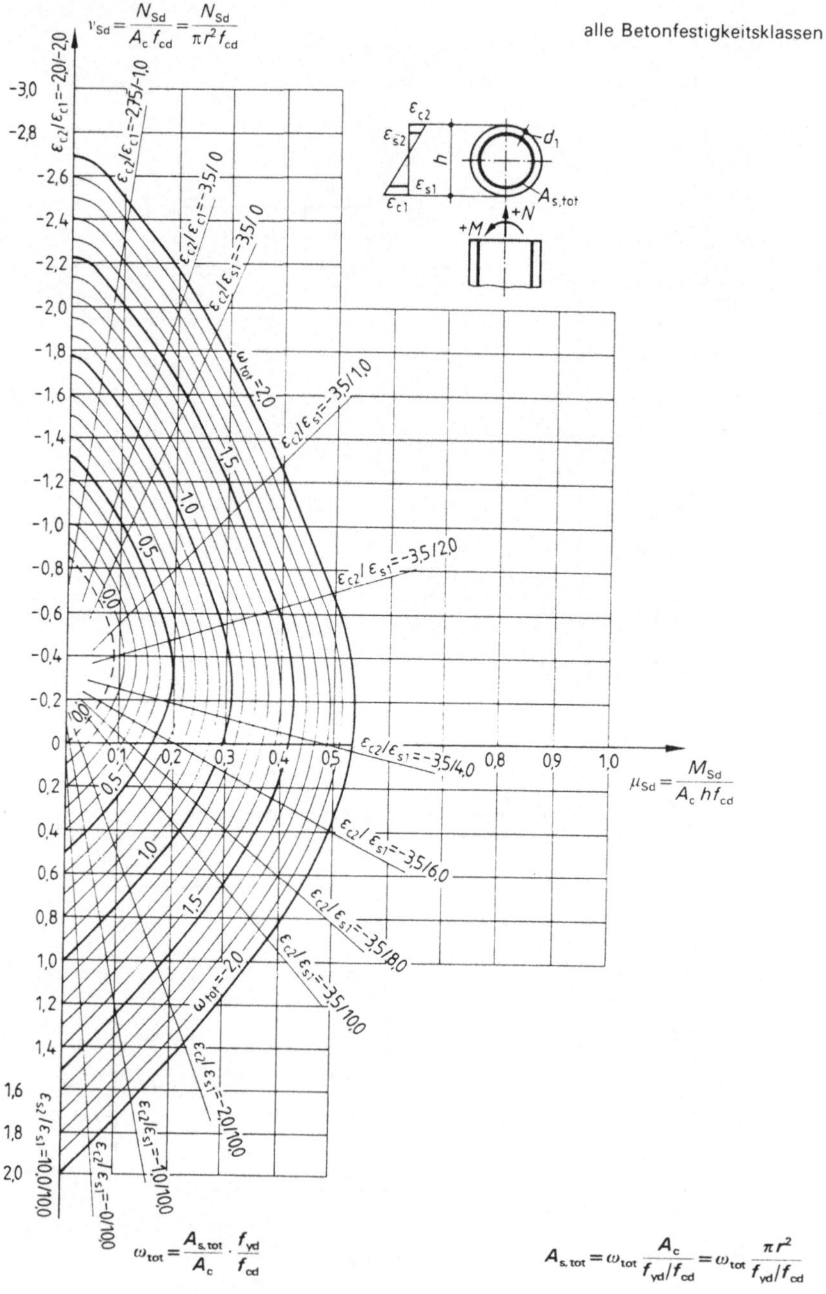

**A5**  **Schiefe Biegung mit Längsdruckkraft**
**Betonstahl S500, $\gamma_s = 1{,}15$, $d_1/h = b_1/b = 0{,}10$**
Für alle Betonfestigkeitsklassen

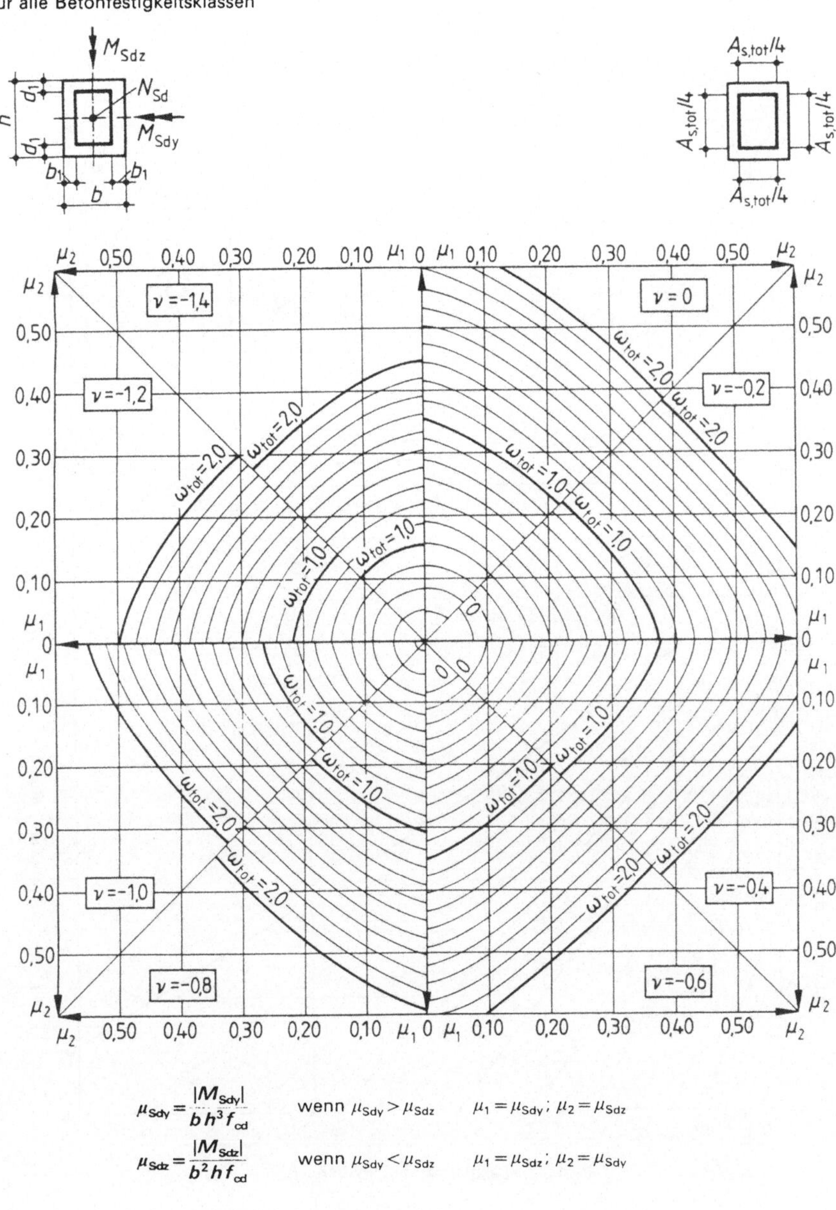


$$\mu_{Sdy} = \frac{|M_{Sdy}|}{b\,h^3\,f_{cd}} \qquad \text{wenn } \mu_{Sdy} > \mu_{Sdz} \qquad \mu_1 = \mu_{Sdy}\,;\ \mu_2 = \mu_{Sdz}$$

$$\mu_{Sdz} = \frac{|M_{Sdz}|}{b^2\,h\,f_{cd}} \qquad \text{wenn } \mu_{Sdy} < \mu_{Sdz} \qquad \mu_1 = \mu_{Sdz}\,;\ \mu_2 = \mu_{Sdy}$$

$$\nu = \nu_{Sd} = \frac{N_{Sd}}{b\,h\,f_{cd}} \qquad \omega_{tot} = \frac{A_{s,tot}}{b\,h} \cdot \frac{f_{yd}}{f_{cd}} \qquad A_{s,tot} = \omega_{tot}\,\frac{b\,h}{f_{yd}/f_{cd}}$$

**A6a** *e/h* Diagramm und $\mu$-Nomogramm
R2-10
$h_1/h = 0{,}10$

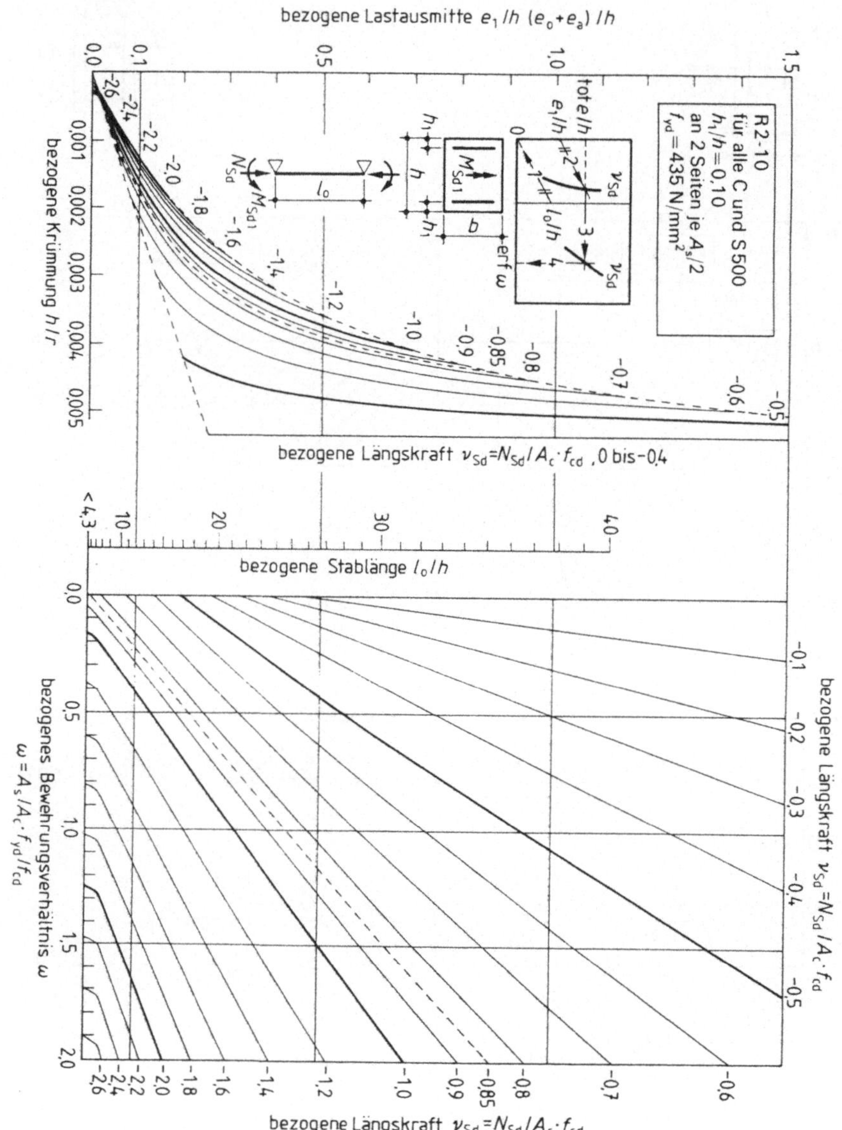

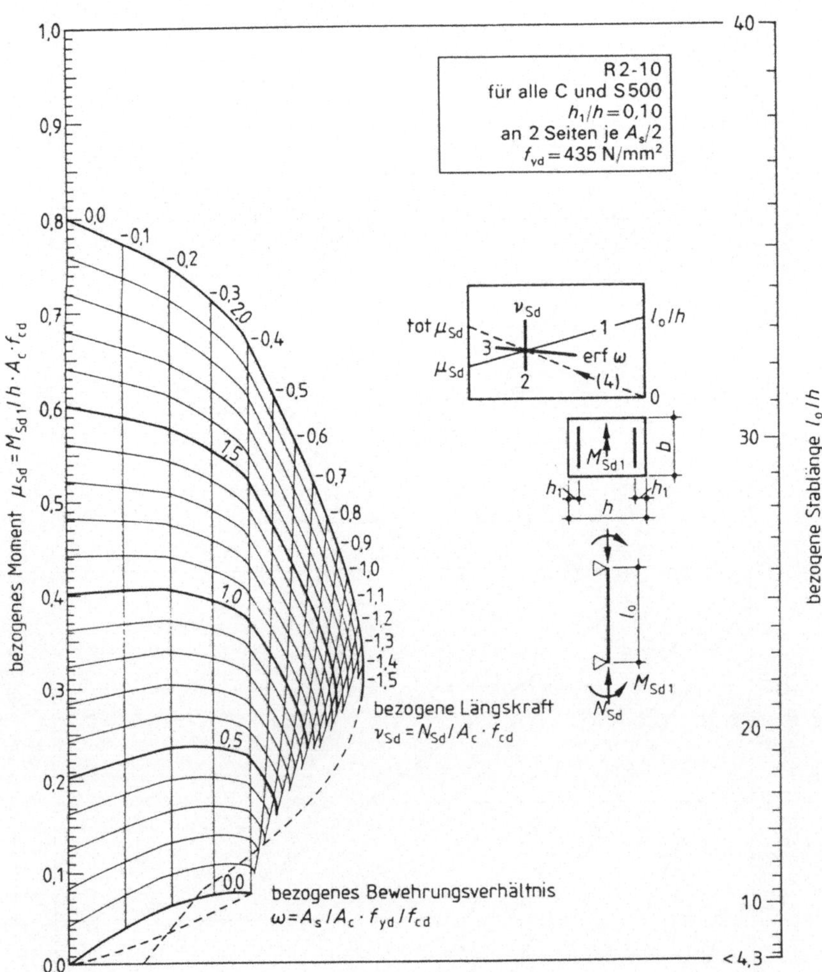
1,0
0,9
0,8
0,7
0,6
0,5
0,4
0,3
0,2
0,1
0,0
R 2-10
für alle C und S 500
$h_1/h = 0,10$
an 2 Seiten je $A_s/2$
$f_{yd} = 435$ N/mm²
bezogenes Moment $\mu_{Sd} = M_{Sd1}/h \cdot A_c \cdot f_{cd}$
0,0
-0,1
-0,2
-0,3
2,0
-0,4
-0,5
-0,6
-0,7
-0,8
-0,9
-1,0
-1,1
-1,2
-1,3
-1,4
-1,5
1,5
1,0
0,5
0,0
$tot\,\mu_{Sd}$
$\mu_{Sd}$
$\nu_{Sd}$
$l_0/h$
erf $\omega$
1
3
2
(4)
0
$M_{Sd1}$
b
$h_1$
$h_1$
h
$l_0$
$M_{Sd1}$
$N_{Sd}$
bezogene Längskraft
$\nu_{Sd} = N_{Sd}/A_c \cdot f_{cd}$
bezogenes Bewehrungsverhältnis
$\omega = A_s/A_c \cdot f_{yd}/f_{cd}$
40
30
20
10
< 4,3
bezogene Stablänge $l_0/h$

**A6c**  $e/h$ Diagramm und $\mu$-Nomogramm
R 2-15
$h_1/h = 0{,}15$

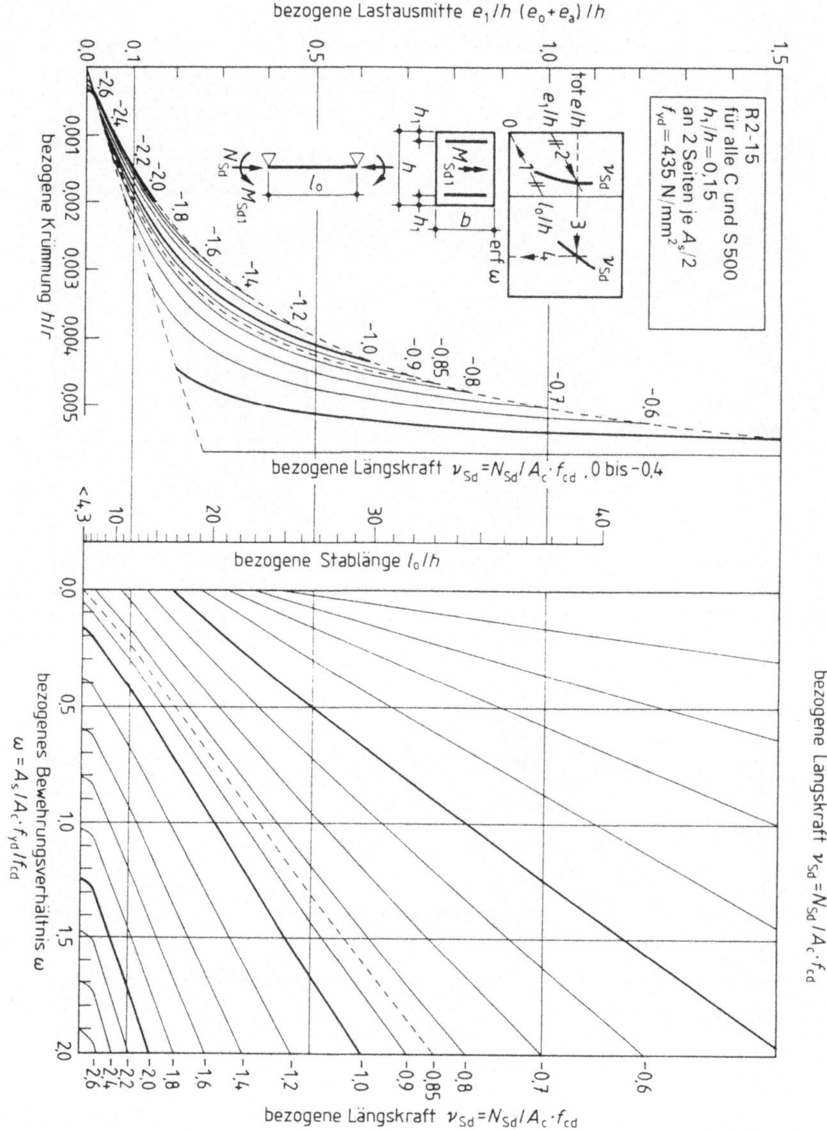

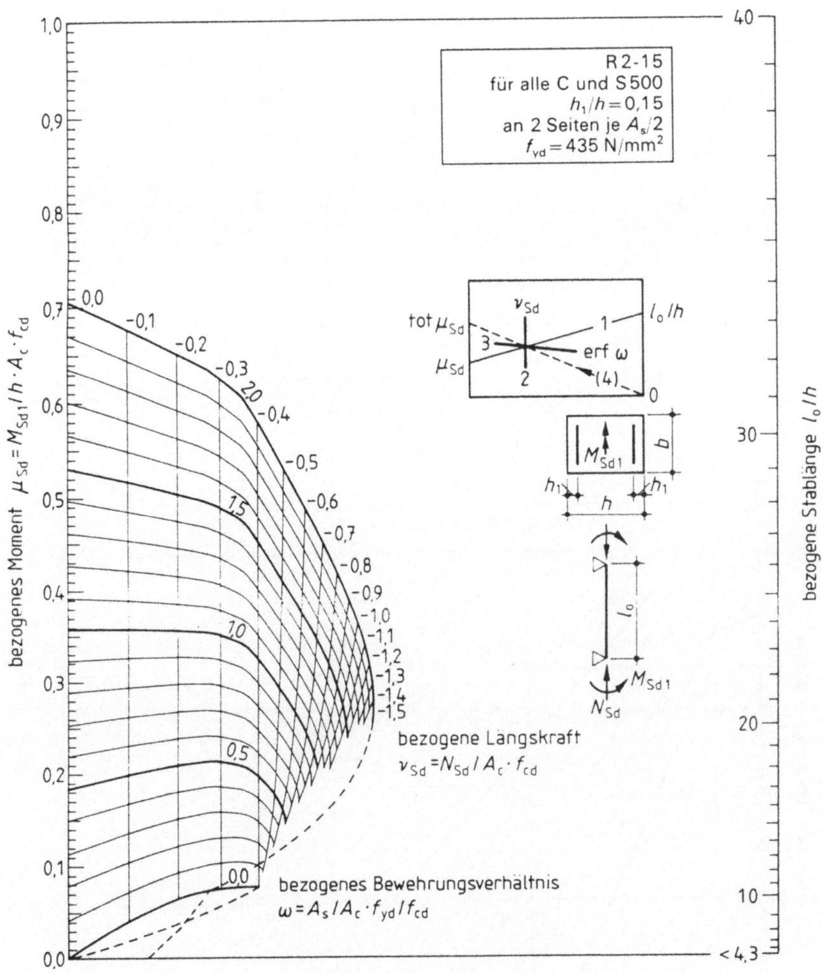
R 2-15
für alle C und S 500
$h_1/h = 0,15$
an 2 Seiten je $A_s/2$
$f_{yd} = 435 \ N/mm^2$
bezogenes Moment $\mu_{Sd} = M_{Sd1}/h \cdot A_c \cdot f_{cd}$
bezogene Stablänge $l_0/h$
tot $\mu_{Sd}$
$\mu_{Sd}$
$v_{Sd}$
erf $\omega$
$l_0/h$
$M_{Sd1}$
$N_{Sd}$
bezogene Längskraft
$v_{Sd} = N_{Sd}/A_c \cdot f_{cd}$
bezogenes Bewehrungsverhältnis
$\omega = A_s/A_c \cdot f_{yd}/f_{cd}$

**A7a**   $e/h$-Diagramm und $\mu$-Nomogramm
      K-10
      $h_1/h = 0{,}10$

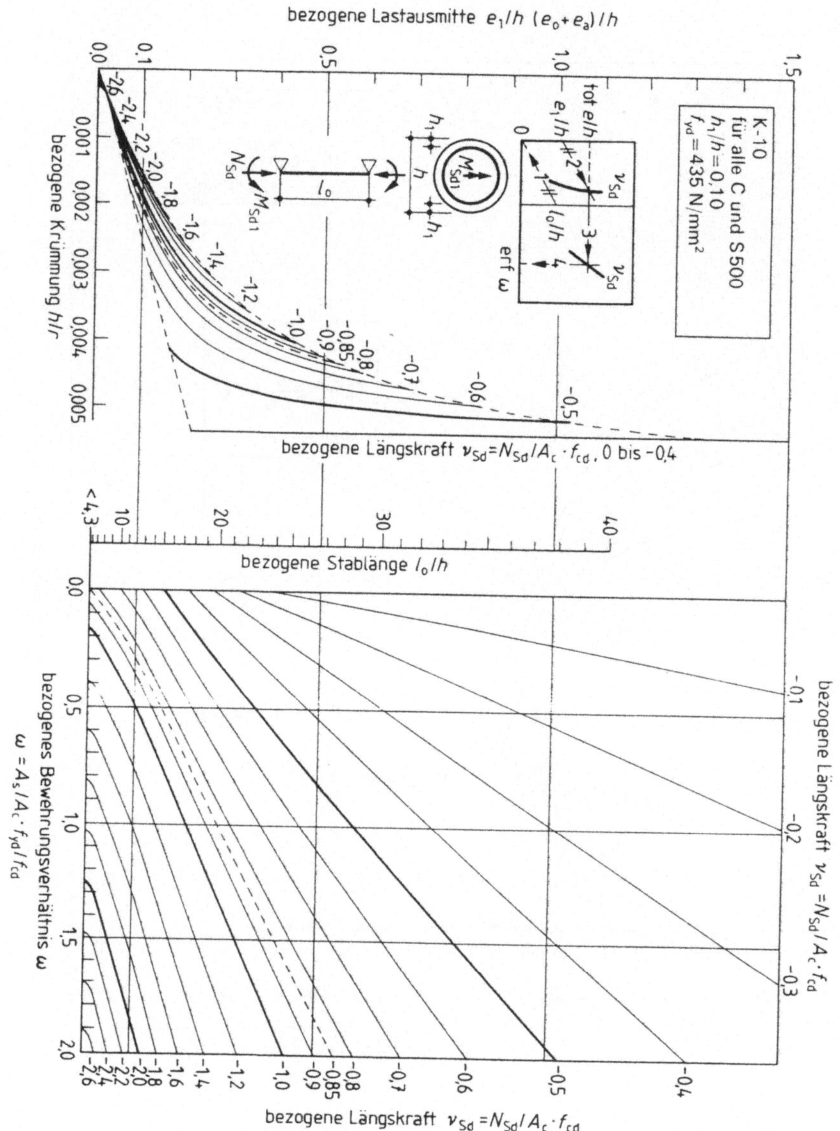

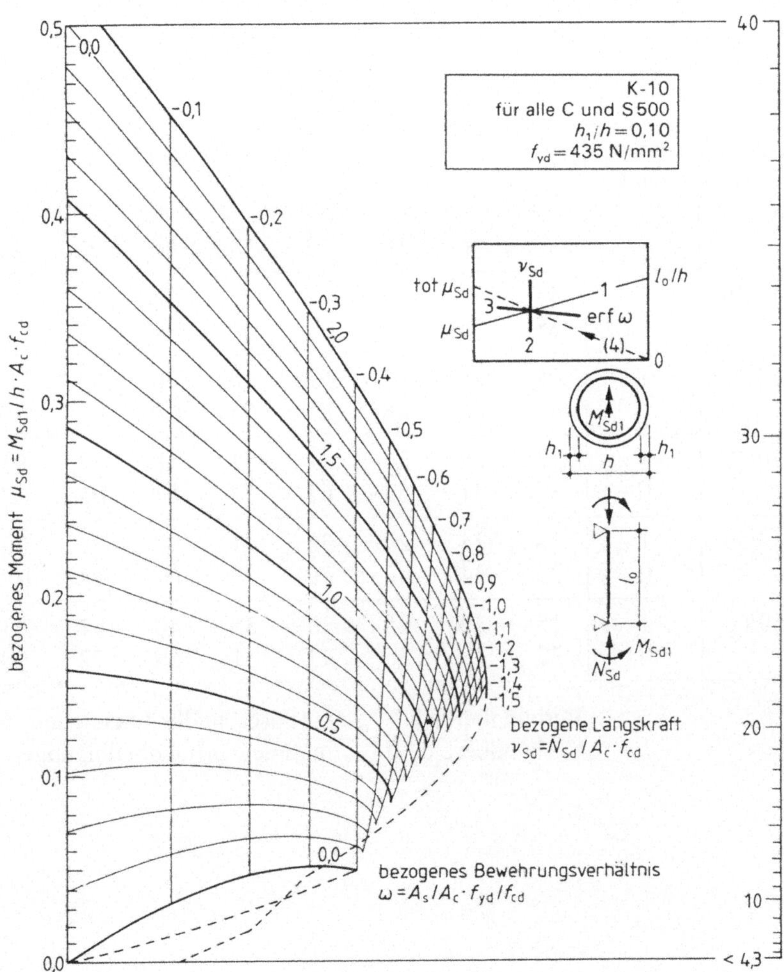
0,5
0,0
-0,1
-0,2
0,4
-0,3
2,0
-0,4
0,3
-0,5
1,5
-0,6
-0,7
-0,8
0,2
1,0
-0,9
-1,0
-1,1
-1,2
-1,3
-1,4
0,5
-1,5
0,1
0,0
0,0
K-10
für alle C und S 500
$h_1/h = 0,10$
$f_{yd} = 435$ N/mm$^2$
tot $\mu_{Sd}$
$\nu_{Sd}$
$l_0/h$
3
1
erf $\omega$
$\mu_{Sd}$
2
(4)
0
$M_{Sd1}$
$h_1$
$h$
$h_1$
$l_0$
$M_{Sd1}$
$N_{Sd}$
bezogene Längskraft
$\nu_{Sd} = N_{Sd}/A_c \cdot f_{cd}$
bezogenes Bewehrungsverhältnis
$\omega = A_s/A_c \cdot f_{yd}/f_{cd}$
bezogenes Moment $\mu_{Sd} = M_{Sd1}/h \cdot A_c \cdot f_{cd}$
40
30
20
10
< 4,3

**A8   Grundmaß der Verankerungslänge [cm]**

| Beton-<br>festigkeits-<br>klasse | Verbund-<br>bereich | Stabdurchmesser | | | | | | | | |
|---|---|---|---|---|---|---|---|---|---|---|
| | | 6 | 8 | 10 | 12 | 14 | 16 | 20 | 25 | 28 |
| C 12/16 | I | 41 | 54 | 68 | 82 | 95 | 109 | 136 | 170 | 190 |
| | II | 58 | 78 | 97 | 116 | 136 | 155 | 194 | 243 | 272 |
| C 20/25 | I | 28 | 38 | 47 | 57 | 66 | 76 | 95 | 118 | 132 |
| | II | 41 | 54 | 68 | 81 | 95 | 108 | 135 | 169 | 189 |
| C 30/37 | I | 22 | 29 | 36 | 44 | 51 | 58 | 73 | 91 | 101 |
| | II | 31 | 41 | 52 | 62 | 72 | 83 | 104 | 129 | 145 |
| C 40/50 | I | 18 | 24 | 29 | 35 | 41 | 47 | 59 | 73 | 82 |
| | II | 25 | 34 | 42 | 50 | 59 | 67 | 84 | 105 | 118 |
| C 50/60 | I | 15 | 20 | 25 | 30 | 35 | 40 | 51 | 63 | 71 |
| | II | 22 | 29 | 36 | 43 | 51 | 58 | 72 | 90 | 101 |

Verbundbereich I   .... gute Verbundbedingungen
Verbundbereich II .... mäßige Verbundbedingungen

# Literatur

**Technische Baubestimmungen**

[1]    DIN 1045 - Beton und Stahlbeton, Bemessung und Ausführung. Ausgabe Juli 1988.

[2]    Eurocode 2 - Planung von Stahlbeton- und Spannbetontragwerken, Teil 1: Grundlagen und Anwendungsregeln für den Hochbau. Deutsche Fassung ENV 1992-1-1, Juni 1992.

[3]    Entwurf DIN 1045 - Tragwerke aus Beton, Stahlbeton und Spannbeton, Teil 1: Bemessung und Konstruktion. Februar 1997.

[4]    ENV 206 - Beton, Eigenschaften, Herstellung, Verarbeitung und Gütenachweis. Oktober 1990.

[5]    Deutscher Ausschuß für Stahlbeton: Richtlinie zur Anwendung von Eurocode 2 - Planung von Stahlbeton- und Spannbetontragwerken, Teil 1: Grundlagen und Anwendungsregeln für den Hochbau. April 1993.

[6]    BS 8110 - Structural use of concrete, Part 1: Code of practice for design and construction. British Standards Institution, London 1985.

[7]    Eurocode 2: Planung von Stahlbeton- und Spannbetontragwerken, Teil 1-3: Allgemeine Regeln - Bauteile und Tragwerke aus Fertigteilen. Deutsche Fassung ENV 1992-1-3, Dezember 1994.

[8]    Deutscher Ausschuß für Stahlbeton: Richtlinie zur Anwendung von Eurocode 2 - Planung von Stahlbeton- und Spannbetontragwerken, Teil 1-3: Bauteile und Tragwerke aus Fertigteilen. Juni 1995.

**Weiterführende Literatur**

[10]    Litzner, H.-U.: Grundlagen der Bemessung nach Eurocode 2 - Vergleich mit DIN 1045 und DIN 4227. Betonkalender 1996, Teil I, S. 567-776, Berlin: Ernst & Sohn.

[11]    Geistefeld, H., Goris, A.: Tragwerke aus bewehrtem Beton nach Eurocode 2 (DIN V ENV 1992 Teil 1-1) im Vergleich zu DIN 1045 und DIN 4227. Berlin / Düsseldorf 1993: Beuth / Werner.

[12]   Weber, R.: Europäische Normung im Betonbau; Betonausgangsstoffe und Betontechnik im Vergleich mit den derzeitigen Regelwerken. Beton 1990, S. 460-467, Düsseldorf: Beton-Verlag.

[13]   Heydel, G., Krings, W., Herrmann, H.: Stahlbeton im Hochbau nach EC 2. Berlin 1995: Ernst & Sohn.

[14]   Deutscher Beton-Verein: Beispiele zur Bemessung von Betontragwerken nach EC 2. Wiesbaden 1994: Bauverlag.

[15]   Deutscher Ausschuß für Stahlbeton: Heft 425 - Bemessungshilfsmittel zu Eurocode 2 Teil 1. Berlin 1992: Beuth.

[16]   Allgöwer, G. und Avak, R.: Bemessungstafeln nach Eurocode 2 für Rechteck- und Plattenbalkenquerschnitte. Beton- und Stahlbetonbau 1992, S. 161-164, Berlin: Ernst & Sohn.

[17]   Kordina, K.: Zur Berechnung und Bemessung von Einzel-Fundamentplatten nach EC 2 Teil 1. Beton- und Stahlbetonbau 1994, S. 224-226, Berlin: Ernst & Sohn.

[18]   Kordina, K.: Zum Tragsicherheitsnachweis gegenüber Schub, Torsion und Durchstanzen nach EC 2 Teil 1 - Erläuterungen zur Neuauflage von Heft 425 und Anwendungsrichtlinie zu EC 2. Beton- und Stahlbetonbau 1994, S. 97-100, Berlin: Ernst & Sohn.

[19]   Deutscher Ausschuß für Stahlbeton: Heft 240 - Hilfsmittel zur Berechnung der Schnittgrößen und Formänderungen von Stahlbetontragwerken nach DIN 1045, Ausgabe 07.88. Berlin 1991: Beuth.

[20]   Grasser, E., Kupfer, H., Pratsch, G., Feix, J.: Bemessung von Stahlbeton- und Spannbetonbauteilen nach EC 2 für Biegung, Längskraft, Querkraft und Torsion. Betonkalender 1996, Teil I, S. 341-498, Berlin: Ernst & Sohn.

[21]   Windels, R.: Graphische Rißbreitenermittlung für Zwang nach Eurocode 2. Beton- und Stahlbetonbau 1992, S. 189-192, Berlin: Ernst & Sohn.

[22]   Deutscher Ausschuß für Stahlbeton: Heft 400 - Erläuterungen zu DIN 1045 - Beton- und Stahlbeton, Ausgabe 07.88. Berlin 1989: Beuth.

[23]   Kordina, K., Quast, U.: Bemessung von schlanken Bauteilen für den durch Tragwerksverformungen beeinflußten Grenzzustand der Tragfähigkeit - Stabilitätsnachweis. Betonkalender 1996, Teil I, S. 499-566, Berlin: Ernst & Sohn.

[24]   Wendehorst: Bautechnische Zahlentafeln. 27. Aufl., Stuttgart 1996: Teubner.

# Sachverzeichnis


**A**

Anwendungsregeln 11
Aufhängebewehrung, 129, 134f.
Auflagerkraft, Berechnung 40
Ausmitte, Druckglieder 102ff.
aussteifendes Bauteil 101

**B**

Bemessung, Biegung 54ff.
-, Durchstanzen 77ff.
-, Querkraft 61ff.
-, Torsion 73ff.
Bemessungshilfsmittel, Biegung 55
-, Stabilitätsnachweis 106
Bemessungsschnitt, maßgebender 62
Bemessungsschubfestigkeit 64, 79
Bemessungswert, Baustoff 22
-, Last 21
Beton, Elastizitätsmodul 29
-, Festigkeit 28, 29
-, Kriechen 29
-, Parabel-Rechteck-Diagramm 54
-, Querdehnzahl 29
-, Schwinden 29
-, Wärmedehnzahl 29
-, Zusammensetzung 34
Betondeckung 35
Betondruckzone, Begrenzung 44
-, Umschnürung 43
Betonstahl 30
-, Duktilität 31, 44
-, Elastizitätsmodul 31
-, Spannungsdehnungslinie 55
-, Streckgrenze 31
Betonstahlmatte 116
-, Stoß 121
Bewehrungsregeln 113ff.
Bezeichnungen 12f.
Biegerollendurchmesser 113
Biegeschlankheit 96, 98f.
Biegung, Bemessung 54ff.
Bodenpressung, Nachweis 86
Bügel 118, 127
-, Abstände 128, 140

**C**

Charakteristischer Wert, Baustoff 22
-, Last 20

**D**

Dauerhaftigkeit 32
direkte Stützung 62, 126
Druckbewehrung 57, 59
Druckglied, Bemessung 101ff.
-, Konstruktionsregeln 138ff.
Druckstoß 119, 142
Druckstreben 61
-, Neigung, veränderliche 62, 65
-, Schubbewehrung 65, 71
Duktilität 31, 44
Durchbiegung 95f.
Durchlaufträger, Lastfall 37
Durchstanzen, Bemessung 77ff.

**E**

Einwirkung 20
-, außergewöhnlich 20, 26
-, direkt 32
-, indirekt 32
-, Kombination 24, 38
-, ständig 20
-, Teilsicherheitsbeiwert 19, 23
-, veränderlich 20
Einzellast, auflagernah 51, 62, 64, 71
Elastizitätsmodul, Beton 29
-, Betonstahl 31
Endauflager, indirektes 126
-, Verankerung 126
Endeinspannung, konstruktiv 123
Ersatzlänge 102f.
Eurocode 2, Teile 11

**F**

Festigkeit, Beton 28, 29
Flachdecke, Durchstanzen 82
-, Rissebeschränkung 93
Fundament, Durchstanzen 86

**G**
Gebrauchstauglichkeit 19
-, Grenzzustand 27
-, Nachweise 89ff.
Grenzdurchmesser 92
Grenzschlankheit 104
Grenzzustand,
-, Gebrauchstauglichkeit 19, 27
-, statisches Gleichgewicht 38, 46
-, Tragfähigkeit 19, 22
Grundkombination 25, 49
Gurtplattenanschnitt 68, 72

**H**
Hallenstütze 110
Höchstbewehrung 123, 139, 140

**I**
Imperfektion 105
indirekte Stützung 126
Innenstütze 105, 108

**K**
Kombination, Grund- 49f.
-, außergewöhnlich 26
-, häufig 27, 97, 99
-, quasi-ständig 27, 92, 94
-, selten 27, 89
-, ständige Einwirkung 38
-, vereinfacht 26
Kombinationsbeiwerte 21
Konstruktionsregeln 123ff.
-, Balken 123
-, Druckglieder 138
-, Ortbetonplatte 136
Kriechen, Beton 29
Kritischer Rundschnitt 77f., 84, 86

**L**
Längsbewehrung, Mindest- 123
-, Stababstände 137
Lastausbreitungsfläche 79, 86
Lastfall, Durchlaufträger 37
Leitvariable 25, 50

**M**
Maßgebender Bemessungsschnitt 62
Mindestbewehrung 85, 88, 90f., 93
-, Balken 124

-, Platten 136
-, Stützen 139
-, Wände 140
Mindestdicke, Stütze 139
Mindestmoment 41, 48, 53
-, Flachdecke 81, 85
Modellstützenverfahren 106
Momentenumlagerung 43, 53, 60

**N**
Nebenträger, Aufhängebewehrung 129, 134f.
Neigungswinkel, Druckstrebe 66

**O**
Ortbetonergänzung 143, 147

**P**
Parabel-Rechteck-Diagramm 54
Platten, Bewehrung 136
Plattenbalken 39, 57ff., 69
-, Konstruktionsregeln 123, 130ff
-, Ortbetonergänzung 146ff.
Plattenbreite, mitwirkende 39, 58
Prinzipien 11

**Q**
Querbewehrung 120f., 133, 136, 142
Querbiegung 68, 73
Querdehnzahl, Beton 29
Querkraft, Bemessung 61ff
-, Tragfähigkeit 71, 84, 88

**R**
Randstütze 105, 108
Repräsentativer Wert 20
Rißbreite 92
Rissebeschränkung 90ff.
-, Flachdecke 93
Rotationsvermögen, Nachweis 44, 60
Rundschnitt, kritischer 77f., 84, 86

**S**
Schlankheit 102ff.
Schnittgrößenermittlung,
-, linear-elastisch 42, 43, 45ff., 51ff.
-, Momentenumlagerung 42, 43, 51ff.
-, Nichtlineares Verfahren 42
-, Plastizitätstheorie 42
Schrägstäbe, Abstand 128

Schub 61ff.
-, Bemessung 62
-, Bewehrungsgrad 80, 127
-, Diagramm 134, 145
-, Konstruktionsregeln 127, 134
-, Spannung 64, 79
-, Standardverfahren 62, 64f., 69ff., 77
-, veränderliche Druckstrebenneigung
   62, 65f., 71f.
-, Verbundfuge 143
-, Zulagen 127
Schwinden, Beton 29
Spannungsbegrenzung 89
Spannungsdehnungslinie, Beton 54
-, Betonstahl 55
Spannungsnachweis 99
Stababstand 92, 113, 137
Stabbündel 114
Stabilitätsnachweis 101ff.
Standardverfahren, Schub 62, 64f., 77
Stoß 118ff., 131, 133, 142
Streckgrenze 31
Stützen, Bemessung 101ff.
-, Hallenstütze 110
-, Innenstütze 105, 108ff., 141
-, Konstruktionsregeln 138ff.
-, Randstütze 105, 108ff.
Stützmoment
-, Bemessungswert 40, 48, 53
-, Mindest- 41, 53
Stützung, direkt 62, 126
-, indirekt 126
Stützweite 39

T
Teilsicherheitsbeiwert, Baustoff
   19, 24, 54f.
-, Einwirkung 19, 23, 46, 50
-, Zwang 23
Theorie II. Ordnung 38, 43, 101ff.,
   110ff.
Torsion, Bemessung 73ff.
-, Konstruktionsregeln 129
Tragfähigkeit 19
-, Grenzzustand 22
-, Nachweise 54ff.
Tragwerk, ausgesteift 101
Tragwiderstand 22

U
Übergreifungsstoß 118ff., 133, 142
Umweltbedingungen 33
Umweltklassen 33

V
Verankerung 116ff.
-, Endauflager 126
-, gestaffelte Bewehrung 124
-, Zwischenauflager 126
Verankerungslänge 131
Verbund, Bedingungen 114f.
-, Spannung 115
Verbundfuge 143, 145
-, Schubbewehrung 146
Verformung 95f.
Vergleichsdurchmesser 35, 114, 116
Versatzmaß 124, 131
Vorhaltemaß 36

W
Wände, bewehrt 140f.
-, unbewehrt 140
Wärmedehnzahl, Beton 29
Wasserzementwert 33f.
Wirksamkeitsfaktor 65, 71, 75

Z
Zugkraftdeckung 124f., 131f.
Zugstoß 119, 133
Zusatzausmitte 105, 112
Zwang 90f.
-, Beanspruchung 32
-, Teilsicherheitsbeiwert 23
Zwei-Ebenen-Stoß 121
Zwischenauflager, Verankerung 126